不可不知
海水观赏鱼

BUKE BUZHI DE
HAISHUI GUANSHANGYU

武鹏程

编著

TUSHUO HAIYANG

图说海洋

世界之大，无奇不有
世界之奇，尽在海洋

海洋出版社
北京

图书在版编目（CIP）数据

不可不知的海水观赏鱼 / 武鹏程编著. — 北京：
海洋出版社，2025. 1. — ISBN 978–7–5210–1368–9

Ⅰ. S965.8–49

中国国家版本馆CIP数据核字第20242JW804号

图 说 海 洋

不可不知的
海水观赏鱼

BUKE BUZHI DE
HAISHUI GUANSHANG YU

总 策 划：刘 斌	总 编 室：（010）62100034
责任编辑：刘 斌	网　　址：www.oceanpress.com.cn
责任印制：安 淼	承　　印：侨友印刷（河北）有限公司
排　　版：海洋计算机图书输出中心 晓阳	版　　次：2025 年 1 月第 1 版
出版发行：海洋出版社	2025 年 1 月第 1 次印刷
地　　址：北京市海淀区大慧寺路 8 号	开　　本：787mm×1092mm 1/16
100081	印　　张：10
经　　销：新华书店	字　　数：180 千字
发 行 部：（010）62100090	定　　价：59.00 元

本书如有印、装质量问题可与发行部调换

前　言

　　海水观赏鱼大多生活在热带珊瑚礁海域，它们有惊艳的外表和独特的魅力，能使人赏心悦目、放松身心、消除疲劳、缓解压力。

　　在海水观赏鱼中，有的体形优美、色彩艳丽，如蓝魔雀鲷、非洲草莓鱼、可爱粉嫩的环眼草莓鱼、形如蝴蝶飞舞的蝴蝶鱼、雍容华贵的神仙鱼、红得惊艳的副唇鱼、形如火焰的湿鹦鲷等。

　　有的长相怪异、形态奇特，如好似京剧中的丑角的小丑鱼、长着长长鼻子的独角倒吊、长有斑马纹的斑马倒吊、被称为"鱼中朋克族"的金毛倒吊、像玻璃一样透明的裸天竺鲷、鱼类中的"玛丽莲·梦露"斑胡椒鲷等。

　　有的脾气温和，如红长身草莓鱼、生性害羞的海猪鱼、对鱼类比较温和的蛇鳝等。

　　有的行为另类，如海洋鱼医生的代表裂唇鱼、白沙滩制造者鹦嘴鱼、会发光的管竺鲷、海底舞者花园鳗等。

　　有的会变色、拟态，如常拟态成有毒鱼类的巨牙天竺鲷、伪装高手豆丁海马、草海龙与叶海龙，丑成一坨的伪装大师蟾鱼等。

　　还有的生性凶残、好勇斗狠，如形如京剧中武生的狮子鱼、海洋霸主鲨鱼等。

　　本书精选大量海水观赏鱼，对它们的产地、习性以及喂食、生活环境和养殖方法等进行全面的介绍，使读者轻松了解各种海水观赏鱼的形态特征、习性，以及掌握识别和饲养方法，拥有一个美丽、独特的海缸。

目 录

雀鲷

草莓鱼（拟雀鲷）

倒吊鱼

蝴蝶鱼

神仙鱼

海鳗和海鳝

海马和海龙

鲀鱼

鲀鱼

鲨鱼

雀鲷

雀鲷十分美丽，体形像鲷，但却不属于鲷科，它们的身躯很小，如麻雀般大，所以被称作雀鲷。

雀鲷是硬骨鱼纲、鲈形目海产小型鱼类的统称，约有250种，主要分布于大西洋和印度洋—太平洋海域。

颜色艳丽

雀鲷颜色艳丽，是极具观赏价值的小型珊瑚礁鱼类。白天，它们常成群地在珊瑚礁上生活，并依靠珊瑚躲避天敌，晚上便钻入珊瑚或岩石缝隙过夜。

雀鲷的体型大部分很小，身体略扁平。它们有一项特殊的技能，那就是胸鳍可以来回地摇摆，像船橹一样控制身体前进的方向，甚至能靠摇摆胸鳍使身体倒退，这种能力是它

雀鲷中个体最大的是加州宝石雀鲷，它们可以在水族箱中长到35厘米。

❖ 加州宝石雀鲷

❖ **鲷鱼**

鲷鱼属于高级的食用鱼类，全身红色，十分艳丽，其肉质细嫩而味道鲜美，居海鱼之冠。

鲷鱼广义上是指鲷科鱼类的统称，狭义上仅指真鲷。其体长一般为 50 厘米，而雀鲷却很小，大部分都在 10 厘米以下，最大的品种加州宝石雀鲷也才能长到 35 厘米。

雀鲷在水族箱的食谱很简单，几乎任何饲料，包括淡水鱼饲料，都能满足它们的食欲，而且在大型海缸中，甚至都不需要刻意喂食，它们也不会饿死。

饲养雀鲷时，最好单独饲养一条，或同时饲养 5 条以上，但是不能仅养两条，那样它们会天天打斗。

雀鲷常以附着在珊瑚礁上的小型甲壳类和浮游动物为食。

雀鲷能根据自己身体的大小选择巢穴大小，有些雀鲷终生会在珊瑚礁上繁衍生息。

们世代在珊瑚丛中生活而演化出来的。

同类之间争斗严重

雀鲷因艳丽的色彩而成为水族箱的宠儿，它们行动敏捷，一般情况下，其他的鱼类即便再凶猛，只要无法将它们吞下，都可以和它们饲养在一起。

雀鲷大部分时间不会攻击珊瑚，并且能和其他鱼类和平共处。但是，如果饲养空间过小，它们就会变得暴躁，从而攻击其他鱼类。雀鲷的领地意识很强，它们与同类之间的争斗更加疯狂，常会以命相搏。

对生存环境要求不高

大部分雀鲷对生存环境要求不高，一般可以生活在比重 1.010~1.028、温度 18~32℃、酸碱度 7.8~8.6、硬度 7~14°dH 的水中。即使硝酸盐含量达到 500 ppm、氨氮含量达到 0.5 ppm，它们仍然能顽强地生存。但是，如果长期在恶劣的环境中生活，雀鲷的颜色会变得不那么鲜艳，甚至会变丑。因此，雀鲷再美、再好养，也需要有耐心才能养好。

❖《海底总动员》剧照

动画片《海底总动员》中，小丑鱼尼莫与父亲马林共同生活在一只海葵中，马林多次奋不顾身地营救儿子，场面异常惊心动魄。

小丑鱼

好 似 京 剧 中 的 丑 角

小丑鱼因为脸上有一条或两条白色条纹、好似京剧中的丑角而得名。它虽然名叫"小丑鱼"，但是却一点儿也不丑，而且非常招人喜爱，是一种有趣的生物。

是男是女随心所欲

小丑鱼不仅长相非常可爱，而且它们的性别还会随环境改变而改变。

小丑鱼极具领地观念，通常一对雌雄鱼会占据一只海葵，阻止其他同类进入。小丑鱼内部有严格的等级制度，体格最强壮的雌鱼有绝对的权威，它

❖ 小丑鱼

❖ 小丑鱼

小丑鱼是雌雄同体的。孵化后的小丑鱼是无性别的，既不是雄性也不是雌性。简单地说，它们是从无性别状态转变到雄性，再转变到雌性。这是一个不可逆的过程。有些小丑鱼也可能一生都是无性别状态。

和它的配偶雄鱼在群体中占主导地位，其他的家庭成员会被雌鱼驱赶，只能在海葵周边不重要的角落活动。

如果当家的雌鱼不见了，那它的配偶雄鱼便会接管这个鱼群，然后会在几个星期内转变为雌鱼，再花更长的时间来改变外部特征，如体形和颜色，最后完全转变为雌鱼，而其他的雄鱼中又会产生一尾最强壮的成为它的配偶。

又名海葵鱼

小丑鱼的体型娇小，体长一般为 10 厘米，最大的体长也只有 15 厘米。它们分布在太平洋、印度洋，如红海、日本南部、澳大利亚等较温暖的海域，常生活在珊瑚礁、岩礁附近，与海葵和海胆等生物共生。

小丑鱼的身体表面拥有特殊的黏液，可保护它们不被海葵蜇伤，并利用海葵的触手丛安心地筑巢、产卵，免受大鱼的攻

小丑鱼产卵在海葵触手中，孵化后，幼鱼体色较成鱼浅，幼鱼在水层中生活一段时间后才开始选择适合它们生长的海葵，经过适应后，才能与海葵共同生活。

小丑鱼并不能生活在所有的海葵中，只可在特定的对象中生活；小丑鱼在没有海葵的环境下依然可以生存，只不过缺少保护罢了。

❖ 小丑鱼和海葵

击。海葵吃剩下的食物还是小丑鱼的食物，小丑鱼还会利用海葵的触手除去身体上的寄生虫或霉菌等。对海葵而言，小丑鱼不仅能吸引其他的鱼类靠近，增加它们捕食的机会，还可以帮助它们除去坏死的组织及寄生虫。小丑鱼的游动还可减少各种残屑沉淀至海葵丛中。

❖ 三带小丑鱼

三带小丑鱼主要分布在马绍尔群岛，其鱼体颜色由橘色变成了黑色，身体上还有3道白纹，所以叫作三带小丑鱼。它们喜欢与奶嘴海葵、沙海葵、紫点海葵或地毯海葵共生。

品种较多

小丑鱼的外形并不丑陋，其红色、白色和黑色相间的外表非常可爱，所以，现在越来越多的小丑鱼被饲养在鱼缸内，其外表的颜色会随着鱼缸的环境不同而有不同的变化。

据目前统计，小丑鱼共有28种，人们最常见的小丑鱼品种都是和《海底总动员》中的尼莫长得非常相像的小丑鱼，如三带小丑鱼、公子小丑鱼、黑豹小丑鱼和透红小丑鱼等。其实，除了和尼莫长得很像的小丑鱼之外，还有很多其他品种的小丑鱼，如伯爵小丑鱼、黑单带小丑鱼、黑白公子小丑鱼、印度红小丑鱼、双带小丑鱼和玫瑰小丑鱼等，它们的形象和尼莫相去甚远。

根据品种不同，小丑鱼所喜好的海葵也不同，如果附近没有海葵，它们便会选择真叶类珊瑚或一些软珊瑚作为共生伙伴。

小丑鱼能容忍亚硝酸盐稍高的劣质水体，因此这种鱼非常适合水族箱新玩家饲养。

黑单带小丑鱼的身体为棕黑色，嘴部为浅白色，头部后面有一道白色条纹，但两边不会相连，因像电影里的金刚，所以又得名"金刚小丑鱼"，它们主要分布于南太平洋。

❖ 黑单带小丑鱼

伯爵小丑鱼主要分布在菲律宾附近海域，它的身体是橘红色的，头部后面有一道白色斑纹，背部有一条白线延伸到尾部。其体型要比其他的小丑鱼小很多，仅仅可以长到6厘米长。

❖ 伯爵小丑鱼

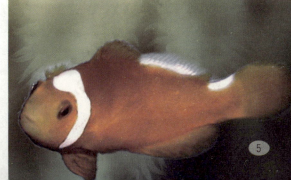

❖ 双带小丑鱼

双带小丑鱼也叫作骑士小丑鱼，主要分布于印度洋，体色由深褐色和黑色组成，头部、身躯、尾部有两道白色条纹，与蓝纹小丑鱼非常像。喜欢的共生海葵是地毯海葵。

❖ 黑白公子小丑鱼

黑白公子小丑鱼分布于印度洋，它与其他小丑鱼的最大区别是鱼体颜色是黑白相间的，而与其共生的海葵是公主海葵与地毯海葵等。

❖ 玫瑰小丑鱼

玫瑰小丑鱼主要分布于马尔代夫，身体的颜色为浅橘色，头部后端带有一道白色条纹，十分漂亮，深受养鱼爱好者的喜爱。

❖ 咖啡小丑鱼

咖啡小丑鱼也叫作粉红小丑鱼，身体为粉红色，头部后面有一道白色的斑纹，背部也有一道白色斑纹从嘴部延伸到尾部。

小丑鱼是容易被人工喂养的鱼种之一，它们适合生活在水温 26℃、海水比重 1.022、水量 150 升以上的水族箱中，如能和海葵一起共养就更加完美了。

银背小丑鱼的体色为浅橘色，有一道白色条纹从头部贯穿整个背部。

❖ 银背小丑鱼

蓝纹小丑鱼的身体是红褐色的，眼睛后面以及身体的中部有两道淡蓝色的条纹，尾巴为淡蓝色。

❖ 蓝纹小丑鱼

宅泥鱼

　　宅泥鱼全身的体色黑白相间，黑与白相互浸润，黑是一切，白则是空灵，让欣赏它的人仿佛看到了一个实中有虚、虚中有实、有无相生的大千世界，从视觉上体会到愉悦和美感。

　　宅泥鱼又被称为厚壳仔，是热带海水鱼的一类，包括两间雀、三间雀、四间雀和三点白等，主要分布于印度洋—太平洋海域。

宅泥鱼各有不同

　　宅泥鱼的身体小巧，在水族箱中一般体长不会超过 10 厘米，体呈圆形而侧扁，吻短而钝圆，有 12~13 条软背鳍，尾鳍后缘凹入，不同的宅泥鱼体色和斑纹不同，以下是具体区分。

　　两间雀：又名网纹宅泥鱼，体色为浅浅的银白色，两道黑色条纹环

❖ 两间雀

宅泥鱼主要分布于红海、印度洋非洲东岸至太平洋中部，北至日本以及我国南海海域。

❖ 珊瑚丛中的宅泥鱼

❖ 三间雀

绕身体，一道在头部后面，一道在尾巴前面，看上去活泼灵巧，十分漂亮。

三间雀：鱼体基色亮白，体侧有 3 道黑色粗纵纹错落有致地排布，界线分明，好似身体被分成了几段，黑白颜色对比十分鲜明、强烈。

四间雀：又称黑尾宅泥鱼，与三间雀的形态及体色非常相似，鱼体基色亮白，体侧从头部开始，有 4 道黑色纵纹互相间隔垂直排列，十分整齐，与三间雀的区别是其尾鳍末端出现了第 4 道黑色纵纹。它的观赏价值在宅泥鱼中名列前茅。

三点白：别名三斑宅泥鱼，通体黑色，最明显的标志是体侧有 3 个白色圆斑，好斗且凶猛，是名副其实的"缸霸"，色彩比

❖ 四间雀

较单一，属于色彩并不艳丽、观赏性一般的海鱼品种。

除了两间雀、三间雀、四间雀和三点白之外，宅泥鱼家族中还有灰边宅泥鱼等其他品种。除了三点白可与海葵共生外，其他品种皆因畏惧海葵的触须而不敢接近海葵，因此，三点白和小丑鱼一样也可成为海葵鱼。

❖ 三点白

饲养宅泥鱼需要 150 升以上的水族箱，饲养时可投放各种动物性饵料、植物性饵料及人工饵料。

生性凶猛

宅泥鱼通常会成群活动在浅滩珊瑚礁上方，具有强烈的领地意识。在繁殖期，雄宅泥鱼会用嘴在珊瑚上叼出一个平台作为巢穴，然后邀请雌鱼进入巢穴产卵，并共同保护卵成功孵化。这期间宅泥鱼会变得非常具有攻击性，任何其他鱼类经过或者进入它们的领地，都会遭到驱赶。宅泥鱼卵孵化一般仅需 3~5 天，孵化后幼鱼便开始漂浮在海洋中，以浮游生物为食，自生自灭。

宅泥鱼生性警觉，身体灵活，行动敏捷，多栖息于珊瑚礁区，喜欢躲藏在洞穴、石缝中，是以食用藻类、底栖动物、浮游生物为主的杂食性鱼类。它们可爱、灵活，而且对水质适应能力较强，容易存活，因此成为水族箱的一员。不过，由于此类鱼的成鱼具有攻击性，它们会在遇到威胁时变得暴躁凶猛，所以，建议饲养时与凶猛的鱼类或体型较大的鱼类混养。

❖ 灰边宅泥鱼

光鳃鱼

中 小 型 的 雀 鲷

光鳃鱼为中小型雀鲷，可食用，不过很少被作为食用鱼，反而因为许多品种具有较高的观赏价值而被作为观赏鱼。

光鳃鱼喜欢成小群在海岸边、外海的浅海珊瑚礁或岩礁区生活，平时在沙质或石质海底、枝状珊瑚岩的上方盘旋，遇到危险时迅速躲入岩石缝或珊瑚间隙中。

光鳃鱼的身体呈椭圆形，侧扁，头部短而高，眼中等大，上侧位，吻短，前端钝尖，齿细小，圆锥状。背缘在眼间隔处略凸，背鳍鳍棘部中央的鳍条较长，呈矢状。尾鳍深分叉且上下叶末端尖，上叶较长。

❖ **侏儒光鳃鱼**

侏儒光鳃鱼的体长不超过4厘米，身体蓝灰色，带一些黄色，尾鳍带拉丝，不管荤的素的都能吃，只要水中有漂浮物，就能引起它们的猎食兴趣。

光鳃鱼以浮游生物为食，大部分光鳃鱼是由雄鱼孵卵，而且这个时期的光鳃鱼不允许其他鱼类靠近巢穴。

在水族箱饲养光鳃鱼时，应视水族箱大小来决定饲养条数，否则它们可能会因为水族箱空间狭小而发生无休止的争斗。

❖ **夏威夷光鳃鱼**

夏威夷光鳃鱼也叫巧克力雀鲷、夏威夷双色魔。其身体为巧克力色，尾巴为白色带拉丝。它们是夏威夷和中途岛环礁的特有物种，生性胆小，活动范围不会离开岩石裂缝巢穴超过1米。

光鳃鱼的种类繁多，包括侏儒光鳃鱼、夏威夷光鳃鱼、东海光鳃鱼、凡氏光鳃鱼、闪烁光鳃鱼等，大部分光鳃鱼的体色会因成长而有所改变，不同品种、不同部位的体色和形态也不同。

❖ 东海光鳃鱼

东海光鳃鱼又称日本魔，生活水深可达 208 米，可能是生活得最深的雀鲷，其最大体长不超过 11 厘米，白色的身体上有一条黑色的纵带，配上大大的眼睛，显得非常可爱。

❖ 凡氏光鳃鱼

凡氏光鳃鱼的最大体长不超过 10 厘米，身体上有许多排列整齐的黑点，看上去特别漂亮，其主要产地是汤加。

光鳃鱼作为雀鲷的一个大属，品种繁多，外观形态大同小异，体色远不如其他几属那么丰富多彩，在观赏鱼领域中没有特别有名的品种，但却是海缸中最常能见到的一大品类。

❖ 闪烁光鳃鱼

闪烁光鳃鱼又称画眉魔，主要生活在澳大利亚大堡礁等海域，常活跃于水深 25 米以内的海域，其体长一般为 6 厘米，背部淡黄色，形如一道眉毛。

豆娘鱼是雀鲷科中的一种暖水性鱼类，主要分布于红海、印度洋非洲东岸至太平洋中部，北至日本、我国台湾岛以及西沙群岛、南沙群岛、海南岛、广东沿海等。

❖ 五带豆娘鱼

纵纹如同豆荚

豆娘鱼因身体上的纵纹如同豆荚而得名。豆娘鱼的体形与光鳃鱼的很像，呈卵圆形，侧扁。根据品种不同，其身体

豆娘鱼

生 存 能 力 极 强 的 雀 鲷

豆娘鱼如同我国的鲫鱼，是一种生存能力极强的鱼，因身体上的斑纹呈条状分布，所以当作观赏鱼，被养在水族箱中。

❖ 珊瑚丛中的豆娘鱼

❖ 七纹豆娘鱼

大小一般为 6~23 厘米。它们头背部的鳞片向前延伸至左右鼻孔之间，吻短而略尖。眼中等大，上侧位。口小，上颌骨末端不及眼前缘，鳃盖骨光滑无锯齿。尾鳍叉形，末端呈尖形，上、下叶外侧鳍条不延长，呈丝状。豆娘鱼的外貌并不十分出彩，只是因其廉价而成为水族箱中最常见的一种鱼类。

品种很多

豆娘鱼的品种很多，水族箱中常见的有十几种，包括五带豆娘鱼、七纹豆娘鱼、孟加拉豆娘鱼、黄尾豆娘鱼等。

五带豆娘鱼又称条纹豆娘鱼，体长为 20 厘米左右，身体呈暗灰色，腹面白色，体侧有 5 条暗色纵带。

七纹豆娘鱼的体长一般为 12~14 厘米，最长可达 25 厘米，体侧有 7 条深色纵带。

孟加拉豆娘鱼与七纹豆娘鱼相似，体侧有 6~7 条深色纵带，体长可达 15 厘米。

黄尾豆娘鱼的体长一般为 8 厘米，最长可达 17 厘米。

❖ 黄尾豆娘鱼

❖ **金凹牙豆娘鱼**

金凹牙豆娘鱼没有纵纹，身体为亮黄色，非常漂亮。

其体色为灰褐色、灰色等，体侧有白色或黄色纵纹，最醒目的是黄色的尾巴。

豆娘鱼家族中并不是所有的鱼都有条状纹路，如金凹牙豆娘鱼就没有纹路，它们也称为金豆娘、柠檬雀，整体呈亮黄色（有时下面较浅），眼睛周围有一个明亮的蓝色环，头部和胸部有明亮的蓝色斑点和线条。

机警好斗

豆娘鱼喜欢成群一起隐藏在有岩礁或珊瑚礁的浅海区，以浮游动物、藻类和小型无脊椎动物为食。在豆娘鱼鱼群中，一般由一条强壮的鱼作为首领，带领着一群小鱼，但是它们同类之间并不友好，时常会为了争夺小群中的领导地位而相互争斗。

❖ **劳氏豆娘鱼**

豆娘鱼和宅泥鱼一样，在繁殖期会变得非常凶猛，雌鱼会把卵产在柳珊瑚和海鞭珊瑚的枝芽上，而雄鱼则会守护在卵旁边直到孵化，期间哪怕是大型鱼入侵，它们也会毫不退缩。由于豆娘鱼灵活机警，游速极快，所以大型鱼拿它们毫无办法。

水族箱的破坏者

豆娘鱼易饲养，但却是水族箱的破坏者，它们在自然环境中虽然不会攻击珊瑚和其他无脊椎动物，但是在水族箱中，豆娘鱼却会因投食不足而使水族箱鸡犬不宁，它们会肆意攻击同养的其他鱼类，甚至还会啃咬水族箱中的造景、沙子、珊瑚等。

水族馆的"监视器"

豆娘鱼不仅是水族箱的破坏者，还是整个水族箱甚至水族馆的"监视器"，因为在水族箱环境不好的时候，如水质变坏、食物问题等，都会使豆娘鱼的情绪变坏，而它们情绪不好的时候，体色就会加深，有时甚至变成黑色。所以，一旦发现它们开始变色，就需要注意维护或保养水族箱了，否则整个水族箱的水族都可能会濒临死亡。

❖ 浮潜并与豆娘鱼邂逅

豆娘鱼属于可食用鱼类，而且味道鲜美。不过，其大部分品种被作为观赏鱼饲养在水族箱中。

蓝魔雀鲷

有 梦 幻 般 蓝 色 光 彩 的 鱼

蓝魔雀鲷的体色非常鲜明，耀眼的蓝色配以黄色或黑色，散发出梦幻般的光彩，它是当下最流行、最受欢迎的小型海水观赏鱼之一。

❖ 黄尾蓝魔雀鲷

蓝魔雀鲷是雀鲷家族中体型最小的品种之一，是蓝魔雀鲷、黄尾蓝魔雀鲷、深水蓝魔雀鲷、蓝宝石魔等的统称。它们的体色是醒目的蓝色和黄色、橙色或黑色配合，特别美观，这也使它们成为水族箱中的宠儿。

黄尾蓝魔雀鲷

黄尾蓝魔雀鲷的体长为6厘米，别名黄尾雀鲷、副金翅雀鲷，原产于马来西亚、印度尼西亚东部珊瑚礁附近海域。黄尾蓝魔雀鲷除了尾巴是黄色的，其余部分均为亮丽的蓝色。在繁殖期，黄尾蓝魔雀鲷会成双成对地进入洞穴产卵，而且它们会将肚子朝上，然后将卵产在洞壁上。

蓝魔雀鲷

蓝魔雀鲷非常适合饲养在小海缸中，即使是在玻璃茶杯内放养一条，只要勤换水，也能正常生长。

蓝魔雀鲷的体长为6厘米，原产于印度洋以东、太平洋，如澳大利亚西部至新几内亚岛、新不列颠岛、所罗门群岛、

❖ 蓝魔雀鲷（雌性）

❖ 蓝魔雀鲷（雄性）

❖ 深水蓝魔雀鲷   ❖ 蓝宝石魔

马里亚纳群岛等海域。雌蓝魔雀鲷身体全蓝，雄鱼有一条橘色的尾巴，因而也被叫作橙尾蓝魔雀鲷。在繁殖期，它们会将卵产在洞穴周围的石头上。

深水蓝魔雀鲷

    深水蓝魔雀鲷的性情活泼、好动，别名深海魔鱼、黄背蓝天使等，它们原产于琉球群岛至我国台湾岛海域，南至澳大利亚东南的新喀里多尼亚的广大区域，多活动于珊瑚礁附近，觅食礁石区的细小猎物。深水蓝魔雀鲷的体长为 7.5 厘米，背鳍、胸鳍及尾鳍为亮黄色，其他部位均为艳蓝色，是蓝魔雀鲷系列中最美的品种之一。

蓝宝石魔

    蓝宝石魔别名斯氏金翅雀鲷，产于太平洋以南的所罗门群岛附近海域。蓝宝石魔的体长为 8 厘米，身体颜色蓝黑相间，鳍带上有黑色外边，在遇到危险时，会迅速变成黑色。在水族箱中喜欢骚扰游动缓慢的鱼类。

黄肚蓝魔雀鲷

    黄肚蓝魔雀鲷别名半蓝魔金翅雀鲷、天蓝魔金翅雀鲷、黄肚蓝魔雀鲷、半蓝金翅雀鲷等。原产于印度洋、太平洋西部的印度尼西亚至澳大利亚北部珊瑚礁海域。黄肚蓝魔雀鲷

从外形上看，黄肚蓝魔雀鲷与黄尾蓝魔雀鲷非常相似，但个体稍大，除了尾巴外，黄肚蓝魔雀鲷的腹部也是黄色的，其价格比黄尾蓝魔雀鲷稍高。

❖ 黄肚蓝魔雀鲷

❖ 蓝魔雀鲷在攻击黄尾蓝魔
   雀鲷

如果黄尾蓝魔雀鲷和蓝魔雀鲷混养在一起，它们可能会有危险，因为蓝魔雀鲷非常喜欢攻击它们。

在人工环境中喂养饲料长大的斐济蓝魔雀鲷很少能达到性成熟。

❖ 斐济蓝魔雀鲷

的体长为 8 厘米，身体上半部分呈耀眼的天蓝色，下半部分、胸鳍、臀鳍及尾鳍呈明亮的橘黄色。其繁殖方式与黄尾蓝魔雀鲷一样，会将卵产在洞壁上。

斐济蓝魔雀鲷

斐济蓝魔雀鲷别名美国蓝魔鬼雀鲷、陶波金翅雀鲷，原产于太平洋以南的大堡礁、斐济附近海域。斐济蓝魔雀鲷身体中间是漂亮的蓝色，腹部及背部均为鲜艳的黄色，外表十分迷人。成体一般长 7.5 厘米，在自然环境中长到 7 厘米左右就成年并可以繁殖了，但是在人工饲养环境下，即便是长到 7 厘米也很难繁殖成功。

有领地意识

　　蓝魔雀鲷非常机警、有领地意识，而且行动灵活，喜欢隐藏在石头缝隙或洞穴周围，以藻类、大洋性的被囊类及桡足类动物为食。

　　如果水族箱的空间太小，就不适合养太多蓝魔雀鲷，否则它们会争斗；如果空间足够，它们比较容易和其他鱼类和平相处。不过，它们会欺负新加入水族箱的成员。

喜欢"自由恋爱"

　　蓝魔雀鲷喜欢"自由恋爱"，因此，如果水族箱的空间足够大，可以多养几条让它们自由选择配对。蓝魔雀鲷一旦配对成功后便会出双入对，形影不离，而且十分忠贞，不会因为生存环境或饲养环境改变而"分手"。

　　蓝魔雀鲷每次产卵 800~1000 枚，卵非常小，呈橘黄色，需要 10 天左右孵化，小鱼孵化后，便可以靠自己捕食微生物或藻类成长。

❖ 受到惊吓后体色变暗

蓝魔雀鲷受到惊吓后，体色会变暗，并躲在岩石缝隙或洞里，当危险过去后，体色会迅速变回亮蓝色。

饲养雀鲷时，应在水族箱中多提供一些洞穴，可以降低它们的领地意识及攻击性。

蓝魔雀鲷对水质要求不高，但是会因水质硬度不够或硝酸盐太高而使身上的亮丽颜色逐渐淡去，变为灰蓝色。

❖ 幼小的红燕雀鲷

燕雀鲷是一类非常悲情的观赏鱼，小时颇受宠爱，长大后却被厌弃。它们因体形酷似燕子而得名，主要有红燕雀鲷和金燕雀鲷等品种。

红燕雀鲷

红燕雀鲷别名火燕子雀鲷、红燕子雀鲷等，它们幼年时的体色为火红色，有一条亮蓝线横穿身体，看起来非常漂亮，因此价格很昂贵。

当红燕雀鲷长到 6 厘米后，体色就开始逐渐变黑，看上去非常丑陋。更让饲养者无法忍受的是，随着长大，红燕雀鲷的脾气会变得非常暴躁，常会在水族箱中追逐其他雀鲷或其他鱼类，并凶残地撕咬，因此，它们一般都会在成年后被剔除出水族箱。

❖ 燕子

燕子的羽衣颜色单一，身形飘逸，是最灵活的雀形类之一，主要以蚊、蝇等昆虫为主食，是众所周知的益鸟。

燕雀鲷

悲 情 的 观 赏 鱼

燕雀鲷并非科、属类的分类，但是它们有共同的特点：幼鱼时体色鲜艳、迷人，成年后就变得不那么好看，甚至会被饲养者丢弃。

❖ 逐渐变黑的红燕雀鲷

金燕雀鲷

金燕雀鲷又名金燕子雀鲷，在自然环境中体长可达 13 厘米，幼鱼时全身金黄色，有两道黑色横纹穿过整个身体，外表非常美丽，行动敏捷，而且性情温和。不过长大之后，体色会逐渐由黄色变成褐色，而且脾气会变得暴躁、好斗。因此，幼鱼时可以和任何弱小的鱼类一起混养，一旦成年后就需要慎重混养了，一般要选择大型凶猛的鱼类才能克制住性格暴躁的它们。

燕雀鲷和其他大部分的雀鲷一样，通常喜爱独居，以藻类、甲壳动物与大洋性被囊类为食。不过，它们不如其他雀鲷那么容易饲养，在人工饲养时如果照顾不好很容易生病。

金燕雀鲷喜欢生活在酸碱度为 8.2、硬度为 8 左右的水中，这样的环境有助于它们的新陈代谢。

❖ 金燕雀鲷

橙线雀鲷属于很好饲养的海水鱼之一，它们对水族箱内的环境要求不高（一般水族箱不小于150升为宜），有极强的适应能力。如果水质和环境都良好，它们可以活8~15年。

雀鲷的品类繁多，可以按体形、花色和种类等划分，除了小丑鱼（双锯鱼）、宅泥鱼、豆娘鱼、蓝魔雀鲷等之外，还有很多品种，如橙线雀鲷、蓝丝绒雀鲷、黑线雀鲷、黑白魔雀鲷、美国红雀鲷、粉红魔雀鲷等，它们的体形和体色都很美。

橙线雀鲷

橙线雀鲷主要产于印度洋，在印度洋的岩礁地区成群生活。橙线雀鲷的体长为8厘米左右，其最突出的特征是身体上有一道断断续续的橙色条纹，从鳃盖处延伸到尾部。幼鱼时期身体是蓝色的，成鱼之后体色会变成黑褐色，一般喜欢成群地在岩礁及珊瑚间活动。

橙线雀鲷的性情温和，对其他鱼类没有很强的攻击性，因此适合与弱小鱼类一同饲养，或者同类小群饲养在水族箱内。

其他的雀鲷

令 人 惊 艳 的 雀 鲷 家 族

雀鲷的种类繁多，身形各异、色彩多变，它们中的大部分都很令人惊艳，是值得饲养的观赏鱼。

体侧有明显的断断续续的橙色横纹。

❖ 橙线雀鲷（幼年）

❖ 橙线雀鲷（成鱼）

❖ 幼年的蓝丝绒雀鲷

❖ 幼年的蓝丝绒雀鲷（变身期）

蓝丝绒雀鲷

　　蓝丝绒雀鲷别名蓝线雀鲷、丝绒雀鲷、花面雀鲷等，原产于我国台湾和南海，以及菲律宾等的珊瑚礁水域。

　　蓝丝绒雀鲷幼年时全身蓝黑色，身体中央有一条黄白色的纵环带，眼睛上、下有天蓝色花纹，非常漂亮。成鱼后，一些条纹会逐渐消失，鱼体也会变成褐色或黑色，逐渐变得不再好看，因此，蓝丝绒雀鲷的命运和红燕雀鲷的差不多，成年后会被剔除出水族箱。

黑线雀鲷

　　黑线雀鲷又叫西施雀鲷，体型娇小，仅仅 6 厘米左右，体色一般为茶色或黄色，在鱼尾与身体交界处有一道黑色纵纹。

　　黑线雀鲷也被称为黑带光鳃雀鲷，与其他的光鳃鱼不同，它们的性情很温和，天生胆小，大部分时间都会躲在岩礁或

❖ 黑线雀鲷（黄色）

❖ 黑线雀鲷（茶色）

❖ 黑白魔雀鲷

❖ 美国红雀鲷（幼鱼）

❖ 美国红雀鲷（成鱼）

者珊瑚边觅食，一旦风吹草动就会迅速躲起来。

黑线雀鲷不喜欢独居，能和其他观赏鱼和谐共处，因此能和比较弱小的鱼类一起饲养。

黑白魔雀鲷

黑白魔雀鲷别名半身魔雀鲷，原产于印度洋的印度沿海及红海海域。黑白魔雀鲷的体长为 7.5 厘米，身体前半部分为黑褐色，后半部分为白色，这个特征使它的名气很大，由于捕获量很少，所以价格较高。

黑白魔雀鲷的性情非常温和，天生胆小，不能与凶猛好斗的鱼类饲养在一起，否则它们会紧张、害怕。

美国红雀鲷

美国红雀鲷又名加州宝石雀鲷，体色橘红，幼鱼更加迷人，其身上分布着不均匀的蓝色荧光斑点，成鱼后斑点逐渐消失，红得更加纯粹。

美国红雀鲷属于大型雀鲷品种，其成体最长可达 35 厘米，而且非常凶猛、好斗，不仅会伤害其他鱼类，也会对同类毫不留情，一般水族箱中建议只饲养一条。

粉红魔雀鲷

粉红魔雀鲷又名水红魔雀鲷、塔氏金翅雀鲷，是最常见的雀鲷之一，体长为 7.5 厘米左右。它们的颜色在雀鲷中非常独特、少有，其头部淡黄，身体呈嫩嫩的蓝粉色，而且颜色间的界线并不明显。

粉红魔雀鲷在幼鱼时性格温和且活跃，可成小群饲养，但是成鱼之后，它们会建立自己的领地，一旦有其他鱼类靠近，它们就会变得凶猛、好斗。

❖ 粉红魔雀鲷

草莓鱼（拟雀鲷）

从外形上看，草莓鱼极像雀鲷家族的成员，不过它们和雀鲷不同，它们有各种各样的家族成员，性格多样变化，有的温顺、有的暴躁，它们也没有雀鲷那么活泼。

❖ 草莓鱼（双色草莓鱼）

草莓鱼因为大部分品种的体色犹如草莓的红色而得名。

草莓鱼比较正式的名称是拟雀鲷，其因为多彩的外形而成为水族箱的一员。

品种繁多

草莓鱼和雀鲷一样，根据产地、色泽和习性，可分为众多品种，它们的体色中大多有如同草莓的红色，因此而得名，最常见的品种有红长身草莓鱼、红海草莓鱼、非洲草莓鱼、环眼草莓鱼、澳洲草莓鱼、紫背草莓鱼、双色草莓鱼等。此

外，还有体色中没有红色的日出龙鱼、蓝线草莓鱼，颜色稍逊的双带草莓鱼等品种。

机警、害羞

草莓鱼的身材娇小，眼睛紧靠身体前端，大部分种类与雀鲷一样天生机警、害羞。在自然环境中，大部分种类的草莓鱼喜欢躲藏在礁岩或珊瑚下的洞穴中，有一些种类喜欢在空旷的海底到处探索觅食，如红长身草莓鱼等。

领地意识强

草莓鱼大多是双性、雌雄同体，通常先雌后雄。它们的领地意识很强，尤其是雄鱼配对后，它们保护领地的欲望会更强，也更有攻击性，会主动攻击任何靠近它们领地的鱼类，哪怕体型比它们大好几倍也不畏惧。

在水族箱中，草莓鱼对同类很排斥，因此，一个水族箱推荐只养一条，否则它们每天都会为了保护领地而互相斗殴。

"披着羊皮的狼"

草莓鱼与雀鲷一样是肉食性鱼类，主要以浮游动物及小型的甲壳生物等为食。然而，有些草莓鱼的捕食方式却非常可恶，它们不仅会"模拟"雀鲷的外形，而且会控制并调整体色，伪装成雀鲷幼鱼，混入雀鲷幼鱼群中，像混进羊圈的"披着羊皮的狼"，悄悄地吞食雀鲷幼鱼和那些未来得及孵化的鱼卵。

❖ **双带草莓鱼**
双带草莓鱼体色比同类品种稍逊一筹，但也很特别，非常灵动活泼。

据美国《当代生物学》杂志介绍，在大堡礁蜥蜴岛的珊瑚礁中生活着黄色和棕色的拟雀鲷，分别将黄色拟雀鲷放入棕色雀鲷幼鱼群；将棕色拟雀鲷放入黄色雀鲷幼鱼群，两个星期后，拟雀鲷都变成了和雀鲷幼鱼同色系。该杂志中还介绍，拟雀鲷的颜色改变与环境颜色无关，只与同一个环境中雀鲷幼鱼的颜色有关。

蓝线草莓鱼的体色稍逊，通体呈偏黑的深蓝色，体侧分布许多小黑斑，头部有两道水平的亮蓝色条纹，各鳍外边也镶嵌着亮蓝色的条纹。
❖ **蓝线草莓鱼**

红长身草莓鱼

罕 见 的 拟 雀 鲷

红长身草莓鱼因迷你的体型和温和的脾气而成为小型水族箱中最受欢迎的观赏鱼品种之一。

❖ **红长身草莓鱼**

新放入水族箱中的红长身草莓鱼喜欢躲藏在造景洞穴中，只是偶尔出现在人们的视线中，不过，等它们熟悉了水族箱环境后，就会不断地在水族箱中探索，能给人们带来许多乐趣和惊喜。

红长身草莓鱼原产于印度尼西亚的苏拉威西岛和摩鹿加群岛海域，最大体长仅6厘米，鱼体颜色由头部向尾部逐渐从红色渐变成橘色，整体看呈灰褐色。它们很耐寒，而且行动迅速，常藏于较深的水域，因此很难被发现。

红长身草莓鱼虽然也有领地意识，但性情比其他草莓鱼温和许多，也慵懒许多，因此被作为一种观赏鱼饲养在水族箱中。它们进入水族箱一段时间后，便逐渐开始适应被圈养的生活，然后会悄悄地在水族箱中探索。水族箱的大小不会对它们的生活产生影响，只需给它们准备一个藏身的洞穴即可，它们是极少数不伤害水族箱中的观赏虾的草莓鱼。

❖ **红长身草莓鱼**

红海草莓鱼又称美国草莓鱼，原产于东非沿海的印度洋和红海海域，其体形瘦弱细长，成鱼最大体长为 7.5 厘米。红海草莓鱼不喜欢没有遮蔽的环境，因此，在水族箱中，它们大部分时间会躲藏在岩石的缝隙里，只有在投喂食物的时候才会小心地探出头或者游出来。即便是在自然环境中，红海草莓鱼也是如此，大部分时间会躲在洞穴内，活得小心翼翼。

红海草莓鱼和红长身草莓鱼一样，在观赏鱼市场需求量大，因此价格昂贵。

红海草莓鱼由于体型小，性情温和，很容易被其他品种的观赏鱼欺负，不可与大型雀鲷、其他草莓鱼、鬼王等类似品种共同饲养，同品种也只能同时饲养一条；如果想多养几条，应同时入缸。建议用 150 升有躲藏地点的生态缸饲养。

红海草莓鱼

高 贵 鲜 艳 的 紫 色

红海草莓鱼全身体色为高贵鲜艳的紫色，口眼之间有一道黑色横纹，显得特别有个性。

❖ 红海草莓鱼

❖ 非洲草莓鱼

非洲草莓鱼又名霓虹草莓鱼、阿拉伯草莓鱼、阿尔达布拉草莓鱼等，原产于印度洋的红海海域，包括波斯湾、亚喀巴湾、阿曼湾、巴基斯坦和阿尔达布拉岛等地的海域。

非洲草莓鱼和其他草莓鱼一样有领地意识，但是个体之间的性格差异很大，有些性格温和的非洲草莓鱼可以共享一个较小的水族箱，而那些性格暴躁的只能混养在大型水族箱中。

非洲草莓鱼平时性情温顺，配对后会变得有攻击性。雌鱼产卵前腹部肿胀，并且变得更加"腼腆"，卵通常4~5天后孵化，第二天早上就可以喂食，幼鱼适宜用22~25℃的水饲养。

非洲草莓鱼成年后体长为8厘米左右，雌雄同体，通常先雌后雄，然而，它们在水族箱环境下虽然有性别转换记录，但事实上却很少能性别转换。

非洲草莓鱼是草莓鱼中比较容易饲养的品种，不仅对食物的要求不高，而且还能清洁鱼缸，甚至会吃钢毛虫等，因此，它是水族贸易中最受欢迎的草莓鱼品种之一。

非洲草莓鱼

如 同 霓 虹 闪 烁

非洲草莓鱼全身颜色橘红，鱼背、鱼鳍与口眼之间是蓝色和浅蓝色，如同霓虹闪烁，非常漂亮。

环眼草莓鱼

可 爱 的 粉 嫩 的 观 赏 鱼

环眼草莓鱼的体色为可爱的粉嫩红色，鱼鳍宽大，呈半透明状，这是一种能捕获少女芳心的观赏鱼。

环眼草莓鱼既是拟雀鲷，也是拟鲅，原产于太平洋的印度尼西亚附近海域。雄性环眼草莓鱼的体色要比雌性环眼草莓鱼更红一点，它们天生胆小，大部分时间躲在洞穴或者岩石缝隙中，平时以浮游动物及小型的甲壳类生物为主要食物。即便是饲养在水族箱中，被驯化后也很胆小，仅在投喂的时候才会迅速叼住食物，然后躲回巢中。因此，它们在水族箱中的存在感很低，若不仔细寻找，很容易被忽略。

❖ 环眼草莓鱼（雄鱼）
雄鱼的体色变深，红中带粉，可爱中带有一点成熟的味道。

雌鱼的体色为浅粉色，更加可爱。
❖ 环眼草莓鱼（雌鱼）

如果水族箱够大，可以多放一些环眼草莓鱼，可以饲喂各种动物性饵料，如果营养丰富，它们的体色会非常漂亮。

澳洲草莓鱼

像彩虹般颜色多变

　　澳洲草莓鱼的体色非常丰富，身上黄色、红色、蓝色、绿色和橙色等相互搭配，通常为红绿色的身体，各鳍带有蓝色边，非常具有观赏性。

❖ 澳洲草莓鱼（雌鱼）

❖ 澳洲草莓鱼（雄鱼）

　　澳洲草莓鱼又名澳大利亚拟雀鲷，原产于太平洋西部的大堡礁附近海域。

　　澳洲草莓鱼的体色多变，雄鱼头部的红色特别显著，背部是黑色或灰色；雌鱼的体色更加丰富，像一道彩虹，颜色多变。

　　澳洲草莓鱼非常具有攻击性，在繁殖期更加凶猛，它们会杀死水族箱中的小型鱼类，如虾虎鱼、小型神仙鱼等，甚至能杀死水族箱中的青蛙鱼，因此，澳洲草莓鱼不能和弱小的鱼类混养，而且它们天生胆小，需要在水族箱中准备洞穴，供它们躲藏。

❖ 追捕性感虾的紫背草莓鱼

紫背草莓鱼在水族箱中会捕捉观赏虾，如美人虾、性感虾、骆驼虾、清洁虾等。

紫背草莓鱼

可 爱 与 好 斗 共 存

紫背草莓鱼全身是醒目的亮黄色，一道紫红色的条纹从吻部一直延伸到背鳍末端，各鳍透明，它和环眼草莓鱼一样粉嫩可爱。

紫背草莓鱼又名马来亚拟雀鲷、紫背拟雀鲷，原产于印度洋。它们的体色粉嫩可爱，但是行为却和它们的长相格格不入。它们的领地意识比大部分草莓鱼都强，而且非常好斗，会无所畏惧地和进入领地的或看不顺眼的鱼类争斗，将它们驱赶出去。

紫背草莓鱼的适应能力较强，比其他草莓鱼更易饲养，在混养时要选择比它们还凶狠的鱼，这样，它们才不敢去争斗。

❖ 紫背草莓鱼

双色草莓鱼

双色草莓鱼的体色由两种十分鲜艳的颜色组成，前半部分呈紫色，后半部分呈亮黄色，非常抢眼，是草莓鱼家族中最知名的观赏鱼品种。

❖ **偷袭性感虾的双色草莓鱼**
双色草莓鱼属较易养的品种，但会伤害小观赏虾。

双色草莓鱼的眼睛呈蓝色，靠近身体前端。

双色草莓鱼最常见的品种是黄、紫双拼色，不过也有些品种是粉色或者红色和黄色的双拼色，同样非常美丽醒目。

❖ **双色草莓鱼**

双色草莓鱼又名假紫天堂鱼、黄紫拟雀鲷，原产于太平洋西部至印度洋东部的珊瑚礁海域，包括我国南海、菲律宾等地的附近海域。

双色草莓鱼的体长仅 7 厘米，它是草莓鱼家族中最知名的品种，常见品种的身体为黄、紫双拼色，饲养在水族箱中优美亮丽，非常醒目。

双色草莓鱼还是草莓鱼中最勇敢的品种之一，它们胆大、勇敢，和紫背草莓鱼一样，为保卫自己的领地，敢和任何品种的鱼打架。

双色草莓鱼和大多草莓鱼一样，会消灭鱼缸中有害的钢毛虫。

双色草莓鱼具有极强的视觉冲击力，是水族箱中点缀单调环境的最佳调色剂，但是不建议养太多，否则容易"喧宾夺主"，使水族箱失去自然之味。

❖ 日出龙鱼

　　日出龙鱼又名黄顶拟雀鲷，是草莓鱼家族的品种，原产于印度洋的红海海域。它们的体色主要为蓝色，背部及尾鳍为黄色。或许是因为体色不是红色草莓的颜色，日出龙鱼不像其他的草莓鱼的名字中带有"草莓"二字。从起名的角度来看，它就是个另类。

　　日出龙鱼的体长为7厘米左右，生活习性和大多数的草莓鱼一样，需要足够的躲藏地点，以海虾及冰冻的海鲜为食。它们能够帮助清理对珊瑚缸有害的小枪虾及钢毛虫，非常适合放在珊瑚缸里饲养，饲养难度不高，很适合新手饲养。

饲养日出龙鱼需要150升以上的水族箱，水族箱中应有足够的躲藏地点；如果想多养几条，应同时入缸。

日出龙鱼

名字中不带"草莓"的草莓鱼

　　日出龙鱼的体色为明亮的浅蓝色，背部由吻部至尾柄有一道对比鲜明的亮黄色斑纹，酷似日出时的一抹朝霞，颜色艳丽。

黄草莓鱼的性情较凶猛，不适合和弱小或害羞的鱼混养，会对同科鱼和体型、形状类似的鱼进行攻击，但与别的品种相处融洽，并且不容易被其他攻击性鱼类骚扰。应饲喂富含胡萝卜素和维生素A的动物性饵料，可保证其身体上亮丽的黄色不会改变，如磷虾、切碎的鲜虾、海藻等。

黄草莓鱼又称为褐准雀鲷、棕（金色、黄）拟雀鲷，原产于印度洋、太平洋西部的热带及亚热带海域。

黄草莓鱼与日出龙鱼一样，其体色中没有红色，但是它的名字中却带有"草莓"二字。它与大多数草莓鱼的生活习性几乎一样。

黄草莓鱼在水族饲养圈内的普及度非常高，这或许是因为它的颜色在同类中足够独特。

黄草莓鱼的体长为10厘米左右，身体上亮丽的黄色不会因为鱼龄增长而变暗。在水族箱中，如果食物质量高、水质好，它们的体色会变得非常鲜艳，反之，它们的体色就会变得黯淡无光。

黄草莓鱼

流 行 的 草 莓 鱼 品 种 之 一

黄草莓鱼颜色艳丽，呈亮黄色到亮褐色，是水族箱中流行的草莓鱼品种之一。

❖ 黄草莓鱼

稚鲈科和油纹鲈科观赏鱼

与 草 莓 鱼 相 似 的 品 种

稚鲈科和油纹鲈科的一些观赏鱼品种的体色搭配与草莓鱼如出一辙，非常清新舒适，同样是水族圈的宠物。

稚鲈科和油纹鲈科的鱼与草莓鱼并非同族鱼类，但是它们的一些观赏鱼品种几乎和草莓鱼家族的成员一样，非常具有观赏价值，如名称中带有"鬼王"或"草莓"的一些品种，它们的体色和花纹几乎与草莓鱼的一模一样。此外，它们也和草莓鱼一样，是非常容易饲养的鱼类。

稚鲈科和油纹鲈科的鱼不仅像草莓鱼一样具有领地意识，而且它们比草莓鱼更凶猛，连面相也显得凶恶，因此，它们中的很多品种的名字都带有"鬼王"二字。

❖ 凶狠的"鬼王"

稚鲈科和油纹鲈科的观赏鱼与草莓鱼的一些品种相似，但是却更加凶狠好斗。

稚鲈科和油纹鲈科的观赏鱼需要足够大的水体，如果水族箱太小或者没有躲藏的洞穴，它们会因紧张而死。

美国鬼王又名美国草莓、鬼王，属于稚鲈科的品种之一，体长为7厘米左右，非常凶猛，领地意识很强，常会追逐、驱赶同类。其雌、雄鱼体色相近，雄鱼体色更深。水族圈内常有人将稚鲈科的巴西鬼王误认为是美国鬼王，两者体色区别不大，但是美国鬼王的体色更加鲜艳。

❖ 美国鬼王

深水双色鬼王又名克氏油纹鲈，属于油纹鲈科的品种之一，外形很像双色草莓鱼、美国鬼王、巴西鬼王等，不过体型更小，仅4厘米左右，在自然环境中栖息于45~145米深的水域，因此，在水族箱中饲养时对光照要求不高。

❖ 深水双色鬼王

倒吊鱼

鲷类中的大部分种类是人类餐桌上的美味，但是其中一些种类却具有极高的观赏价值，它们在自然环境中喜欢头朝下、尾部朝上，因而得名倒吊鱼。

❖ 刺尾鲷科的鱼的嘴都很小
刺尾鲷科的鱼的嘴大部分都很小，便于它们啃食珊瑚上的水藻。

　　倒吊鱼也叫刺尾鱼，属于刺尾鲷科中具有观赏价值的鱼类，主要分布于热带及亚热带三大洋的珊瑚礁区，以印度洋、太平洋的种类最多。

素食主义者

　　刺尾鲷科的鱼的体形呈橄榄形，延长且侧扁，一般体长为 10~30 厘米，但有些可达 70 厘米。它们身体上覆盖的鳞片细而密，摸上去有粗糙感，像木工用的砂纸，因此，刺尾鲷科的鱼也被称为"粗皮鲷"。

　　刺尾鲷科的鱼的口很小，有的牙齿长得像钢毛刷，很适合刮食附着在珊瑚礁上的藻类，仅极个别种类会以水层中的浮游动物和一些碎屑为主食。它们中的大部分种类都是素食主义者，常年成群结队地在潮池、潮间带到深数十米的岩礁及珊瑚礁海域觅食，有些种类的活动区域可达 50~60 米深的水下。

腰间别着匕首

　　倒吊鱼的尾柄瘦而有力，在尾柄和身体交界的位置长

如果在同一个水族箱中放入多条倒吊鱼，那么应尽量做到同时入缸，且尺寸要有差别，以减少它们相互攻击。因为同样大小的倒吊鱼实力相当，它们会相互攻击。

有硬棘，如同在"腰间"别着"匕首"，其锋利如外科手术刀。一旦遇到危险，倒吊鱼就会顶着长角，挥动尾巴，到处乱窜，使捕猎者不敢靠近，因为只要被它的硬棘刺中便会受伤，因此获名"刺尾"，国外则直接将这类鱼叫作"外科医生鱼"。

饲养时选择大型水族箱

倒吊鱼喜欢在珊瑚礁上觅食藻类，它们不会攻击珊瑚，也不会攻击虾或小鱼，而且它们的体型大，可以完全无视那些脾气暴躁的雀鲷以及草莓鱼的骚扰，因此，倒吊鱼非常适合与其他鱼类一起混养在珊瑚缸中。

在水族箱饲养倒吊鱼时，无须像对待雀鲷等小型观赏鱼那样准备藏身的洞穴，但应该尽量给它们选择大型水族箱，以保证它们有足够的游泳空间，以免它们被同类尾部的"匕首"误伤。

花纹特殊的观赏鱼

刺尾鲷科有6属70多个品种，其中有许多品种体色鲜艳、花纹特殊，例如，刺尾鱼属的粉蓝倒吊、鸡心倒吊、斑马倒吊、蓝纹倒吊等；高鳍刺尾鱼属的黄金倒吊、大帆倒吊等；鼻鱼属的金毛倒吊、独角倒吊等；栉齿刺尾鱼属的火箭倒吊、金眼倒吊等；多板盾尾鱼属的点纹多板盾尾鱼等；副刺尾鱼属的蓝倒吊（此属仅此一种属于观赏鱼）等，都是很有名的观赏鱼。

❖ 倒吊鱼的"匕首"
此类鱼最大的特点就是尾柄处都有硬棘，如同匕首一样锋利。

部分倒吊鱼的尾棘有毒腺，能引起人剧痛，因此，捕捉或者移动它们的时候需要注意安全。

各品种的倒吊鱼之间有杂交的习惯，而且因为父母个体特性，繁殖出的杂交品种也非常具有观赏价值，如三角吊与黄金吊的杂交品种就具有两种倒吊的特点。

倒吊鱼在自然环境中大部分是素食者，在水族箱中饲养时可投喂蔬菜叶，如生菜、大白菜、菠菜，甚至可以喂食水果，如香蕉、西瓜、梨等，螺旋藻或海草等是它们最喜欢的食物。此外，在饲养过程中，还可以逐渐用肉饵尝试投喂，习惯后，水族箱中的倒吊鱼一般都是杂食性的，甚至更喜欢吃虾肉等。

倒吊鱼家族的各个品种被众多水族饲养者喜爱,在他们的精心培育下又出现了许多杂交品种,如今比较常见的倒吊鱼家族的杂交品种有三角倒吊与珍珠倒吊的杂交品种、三角倒吊与丝绒倒吊的杂交品种、三角倒吊与黄金倒吊的杂交品种、五彩倒

❖ 五彩倒吊与粉蓝倒吊的杂交品种

吊与鸡心倒吊的杂交品种、五彩倒吊与粉蓝倒吊的杂交品种、蓝纹倒吊与红海骑士的杂交品种、斑马倒吊与多带刺尾鱼的杂交品种等,有些杂交品种具有更丰富的色彩,有些杂交品种却失去了父母的特色,变得平凡。

变异的倒吊鱼虽然失去了原有的艳丽色彩,但是很多却别有一番风味,而且市场价格昂贵。

❖ 变异的倒吊鱼

除此之外,还有很多倒吊鱼家族的成员在成长过程中变异成各种颜色奇怪的品种,为观赏鱼大家庭增色不少。

粉蓝倒吊

倒 吊 鱼 类 的 代 表

粉蓝倒吊的身体呈蓝色并略微发粉，有明黄色的背鳍、白色的面颊，眼睛靠近三角形头部，好像顶着黑色的大"头盔"，它是倒吊鱼的代表，备受人们的喜爱。

粉蓝倒吊也叫粉蓝吊，主要分布在印度洋和太平洋，包括从东非至安达曼海、印度尼西亚东南部及圣诞岛等近海的珊瑚礁海域。

粉蓝倒吊的体长一般为18~20厘米，最长为54厘米，体形椭圆而侧扁，尾鳍叉形，体色对比鲜明，时深时浅，其身价在倒吊鱼家族中名列前茅。粉蓝倒吊对其他倒吊鱼类非常具有攻击性，特别是对体型和颜色接近的，最好一个缸只放一条粉蓝倒吊。在饲养时，粉蓝倒吊要保证足够的游动空间，最好是在450升或更大的水族箱中饲养。

❖ 粉蓝倒吊

粉蓝倒吊虽然在珊瑚礁附近活动，但是从严格意义上来说，它们不算珊瑚礁鱼类，因为它们的活动区域更广。

由于粉蓝倒吊的幼鱼体色不鲜艳，所以市场上很少见到太小的粉蓝倒吊。

刺尾鱼可以通过它们尾柄侧面上的特征性脊柱或刺来识别。每一侧都有一根尖锐的铰接脊柱，或一个或两个不动的龙骨状、锋利的尾刺，它们因此而被称为"深海剑客"。

汤臣倒吊与粉蓝倒吊的体型和长相相似，粉蓝倒吊的体色更艳丽，汤臣倒吊的体色略显单一。

❖ 汤臣倒吊

粉蓝倒吊索饵积极，多食植物性饵料可保持体色艳丽、减少攻击行为，如海草、海藻，也可投喂动物性饵料，建议每天喂3次。

鸡心倒吊

鸡心倒吊的身体为黑色，尾柄处有橙红色鸡心状斑块，非常醒目，观赏价值极高。

❖ 鸡心倒吊

鸡心倒吊有时会与五彩倒吊杂交，生出的新倒吊鱼像被擦去鸡心状斑块的鸡心倒吊。

鸡心倒吊属于比较常见的倒吊鱼品种，虽然没有粉蓝倒吊昂贵，但也属于中等价位的观赏鱼类。

鸡心倒吊又被称为鸡心吊，主要分布于水深0~10米的太平洋珊瑚礁海域。

鸡心倒吊的成体最长24厘米，其最醒目的特点是尾柄的橙红色鸡心状斑块，斑块末端是弯月形的尾鳍，尾鳍为橙红色，尾鳍末端的颜色是黑色弧线及白缘。鳃部有一道亮白色斑纹。

鸡心倒吊幼鱼的尾柄没有橙红色鸡心状斑块，需要长到体长6~7厘米时才会长出来，随后越长大体色越美丽。

在自然环境中，鸡心倒吊通常成群生活，主要以丝藻和小型肉质藻为食。在水族箱中，因为空间限制，鸡心倒吊同种之间会因争夺领地而出现激烈打斗的现象，很难成群生活。建议用450升以上的水族箱饲养，不建议混养。可喂藻类等植物性饵料和人工饲料。

❖ 鸡心倒吊与五彩倒吊杂交后的品种

❖ 戴眼罩的忍者神龟　　　❖ 斑马倒吊

斑马倒吊

身　上　长　有　斑　马　纹

斑马倒吊的全身为奶油黄色至白色，有6条黑褐色纵纹间隔身体，如同斑马的纹路，其中的一条纵纹贯穿眼睛，如同电影中戴眼罩的忍者神龟，它由于独特的外形而深受广大鱼友的喜爱。

斑马倒吊俗称五间吊，主要分布在塔希提岛等珊瑚礁海域。

斑马倒吊的最大体长为26厘米，性情较为温和，比较适合在裸缸及珊瑚缸饲养。它们很容易和其他鱼类和平相处，但是也常被其他倒吊欺负，因此，不建议在同一个水族箱中和其他类别的倒吊混养。由于体型较大，需提供足够大的活动空间，它们以植食为主，吃海藻或丝藻，人工饲养时也可投喂动物性饵料。

斑马倒吊的雌鱼和雄鱼没有什么明显的区别，其卵的孵化时间长达数月，因此很难在人工饲养的环境中孵化成功。

❖ 多带倒吊

多带倒吊的最大体长为11厘米左右，小于斑马倒吊，但是它和斑马倒吊一样长有斑马纹，只是它有9条黑褐色纵纹，其中一条斜穿过眼睛。脸部还有一些不规则的短条褐色花纹。

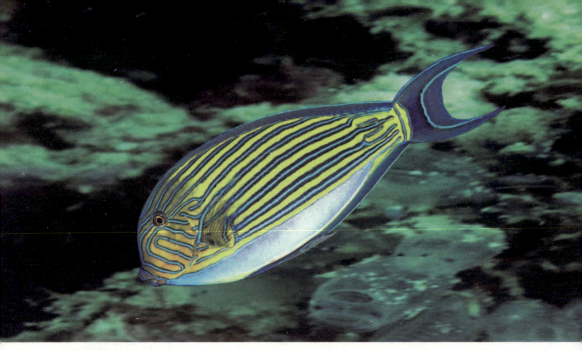

❖ 蓝纹倒吊

蓝纹倒吊又称金线吊、纵带刺尾鱼、线纹刺尾鲷，主要生活于斐济、马尔代夫、印度尼西亚附近 0~15 米深海域的珊瑚礁或岩礁的浪拂区。

蓝纹倒吊的体型较大，最大成体可长到 38 厘米，它们具有较强的领地意识，在自然环境中，一般是一条较为强壮的首领雄鱼带着一群雌鱼在自己的领地范围内进食。首领雄鱼会随时监控领地，并不停地在边界线周围巡视，只要有其他鱼类靠近边界线，首领雄鱼便会发起警告或者驱赶。

蓝纹倒吊和大部分倒吊鱼一样，对同类非常不友好，只要相遇就会争斗。由于蓝纹倒吊的体型较大，因此，在饲养时需要给它们更大的活动空间。

由于蓝纹倒吊的体型较大，建议在 700 升以上的水族箱中饲养，水温控制在 23~27℃。其饲养难度较大，不推荐新手饲养。

蓝纹倒吊

身 上 拥 有 迷 宫 般 的 花 纹

蓝纹倒吊的颜色丰富，身体上部 3/4（包括头部）为交替的黑色、蓝色、黄色或橘红色等平行线、带，身体下部 1/4 为灰白色并被色带环绕，整条鱼身上的花纹如同迷宫一般。

蓝纹倒吊虽然美，但却不如红海骑士贵

蓝纹倒吊和红海骑士长得非常相似，只是身上的纹路颜色有所区别，红海骑士的体色和纹路以蓝色为主，而蓝纹倒吊除了蓝色之外，还多了许多金黄色，除此之外，包括生活习性方面，两者几乎没有差别。

如果仅从观赏角度来讲，蓝纹倒吊远比红海骑士更有价值，但是因为产量和饲养难度等，使蓝纹倒吊的价值远不如红海骑士。

蓝纹倒吊和红海骑士都胆子小、脾气暴躁，如果将两者进行比较，蓝纹倒吊的脾气更暴躁，而且越是成体脾气越暴躁，它们常会因为被放进水族箱而不进食，成天乱窜乱撞，甚至撞得头破血流，直至死亡。因此，市场上很少见到成体蓝纹倒吊，大部分都是幼体，因为幼体相对会容易饲养一点，但是幼体蓝纹倒吊也有脾气，稍有不如意就会绝食。而红海骑士则没那么暴躁，比蓝纹倒吊容易饲养，市场上售卖的多为成体，这也是红海骑士比蓝纹倒吊价格贵的原因之一。

倒吊鱼家族中除了红海骑士与蓝纹倒吊之外，满身都是平行纹路的还有金眼倒吊、白尾倒吊等。

❖ 红海骑士

一字倒吊

眼 睛 后 方 有 醒 目 " 一 字 横 纹 "

一字倒吊的眼睛后面有一道 " 一 " 字形的粗横纹，横纹内一般是橙色或黄色，整道横纹被蓝色边缘包裹。

❖ 一字倒吊（成体）

成体一字倒吊的体色会逐渐加深，最后变成灰黑色，"一字横纹"转变为黄色。

幼体时，一字倒吊的体色为浅黄色，"一字横纹"为橙色。

❖ 一字倒吊（幼体）

一字倒吊也称为一字吊，主要分布在太平洋海域，栖息于临海9~46米深的礁石间。它们体长通常不超过35厘米，以眼睛后方有一道橙色或黄色的"一字横纹"而著称。

一字倒吊的幼鱼体色为黄色，"一字横纹"为橙色。随着成长，它们的体色越来越深并逐渐转变，身体前2/3变为较浅的灰黑色，后1/3变为较深的灰黑色，眼睛后方的"一字横纹"会逐渐由橙色变成黄色，非常醒目。

一字倒吊脾气温和，建议在600升以上的水族箱中饲养，一条幼鱼搭配一条成鱼，食物以附着藻类、硅藻或丝藻为主。

金圈倒吊

金圈倒吊的眼膜为蓝色，眼圈正上方的黄色斑纹在游动时时隐时现，如同孙悟空的火眼金睛，非常有魅力。

金圈倒吊又名金圈吊、印度金圈吊等，主要分布于马尔代夫、科科斯群岛和圣诞岛一带的海域中。

金圈倒吊的幼鱼体色一般为鲜黄色，随着成长，体色逐渐转为橘黄色，体侧会逐渐出现白色至黄色斑点，成鱼的体色变为红褐色，眼睛大，眼上方的黄色斑纹特别醒目，胸部为蓝灰色，体侧布满黄色圆形的淡淡斑点。

金圈倒吊的最大体长不超过 15 厘米，多喜欢单独或小群在较浅的潟湖和临海珊瑚礁区 1~21 米深的水域活动。人们常把它与金眼倒吊混淆，因为它们成鱼的颜色很相似，都带有黄色的眼圈和背鳍，不过，金圈倒吊的身体被淡蓝色的小斑点覆盖，而金眼倒吊的头部有小斑点，其余的则带有淡蓝色的水平条纹。在水族箱中饲养金圈倒吊时，要给它们足够的活动空间，通常海缸应为 280 升以上，它们不会骚扰无脊椎动物，可以和其他性格温和的珊瑚礁鱼一起饲养。最好不要和攻击性强的倒吊鱼混养，因为它们常会成为受害者，而且会因为压力而生病。

❖ 金圈倒吊幼鱼

金圈倒吊幼鱼的体色和黄金倒吊成鱼的体色非常相近，极具魅力。

❖ 金圈倒吊成鱼

金眼倒吊

金圈倒吊和金眼倒吊的眼睛上方都有一块金黄色斑纹，也因此而得名"金圈"和"金眼"。幼鱼时，它们的体色也都是黄色的。

它们之间的不同点：金圈倒吊身上布满了圆形的、淡淡的斑点，而金眼倒吊的体纹则和蓝纹倒吊更相似，满身布满了平行纹路，此外，金眼倒吊比金圈倒吊更大，成鱼最大可达 25 厘米，金圈倒吊一般最大体长不会超过 15 厘米。

❖ 金眼倒吊

蓝倒吊

在动画电影《海底总动员》中，那条话特别多、几乎只有 5 秒钟记忆的蓝色小鱼多莉让人印象深刻，它就是蓝倒吊，其身体主色调为蓝色，上面有特殊的黑色花纹。随着《海底总动员》的热播，蓝倒吊也成为最受欢迎的刺尾鱼之一。

❖《海底总动员》中的多莉和小丑鱼

动画电影《海底总动员》中的小鱼多莉，其原型就是蓝倒吊。

❖ 蓝倒吊

蓝倒吊很漂亮，2005 年《海底总动员》热映后，它成为水族爱好者极力追捧的海洋鱼类，因此身价比较吊贵。

蓝倒吊刚孵化出的幼鱼几乎透明，能看到其体内的骨骼，随着成长，逐渐变得不透明，身体被蓝色覆盖。

❖ 蓝倒吊幼鱼

蓝倒吊又称黄尾副刺尾鱼、拟刺尾鲷，通常活动在有潮流经过的清澈礁坪海域，成鱼会聚集在离海底 1~2 米高的水层，而幼鱼则成群聚集在鹿角珊瑚附近，一旦有危险便迅速躲入珊瑚的枝杈间。

蓝倒吊有领地意识，它们成群活动，但是每条蓝倒吊在鱼群中的地位会不同，尤其是雄鱼，它们互相之间会炫耀尾棘，稍有不服便会爆发冲突，而且在冲突升级的过程中，它们身体的蓝色部分会发生改变，并将尾部靠近对方，然后用尾棘教训对方。因此，如果在水族箱中养多条雄性蓝倒吊，它们一定会发生争斗。

蓝倒吊同类之间常靠尾棘决定地位，在遇到比它们凶悍的猎食者时，一些蓝倒吊，特别是幼鱼，会躲在活石后或珊瑚的枝杈间，受惊吓的蓝倒吊会将尾棘伸向珊瑚丛并用珊瑚岬稳定姿态，防止入侵者把它们拖出藏身之处。一旦被猎食者发现，它们会倒在一边"装死"，一动不动，常被猎食者误以为死亡而弃之不顾。在水族箱中饲养中，它们的这种"装死"现象常让新手们忧心不已。

蓝倒吊可以人工繁殖，一般幼鱼仅硬币大小，它们比较贪吃，在倒吊鱼家族中属于比较容易饲养的鱼类，而且人工培育的幼鱼，如果从小就给它们喂食鱼粮，那么它们对藻类就不再感兴趣了。

❖ 点纹多板盾尾鱼

点纹多板盾尾鱼的幼鱼与成鱼区别不大，不过体色会随着成长而加深。

点纹多板盾尾鱼

分 布 广 泛 的 刺 尾 鱼

点纹多板盾尾鱼身体的主色调为灰色，并布满小黑点，尾鳍为黄色，非常美观。

点纹多板盾尾鱼属于多板盾尾鱼属，大部分体长为20~30厘米，但是有些个体能长到70厘米。它们大多为素食者，以底藻类为食，但也有以浮游动物为食或滤食碎屑的品种。

多板盾尾鱼属的稚鱼过漂浮生活，而且时间非常长，它们会随着长期的海上漂浮到达更远的海域，因此该属鱼类的地理分布极为广泛。

点纹多板盾尾鱼的尾柄上的硬棘及骨板会在挣扎或受威胁时，对入侵者造成既深且疼痛的伤口。

点纹多板盾尾鱼属于大型海水观赏鱼，建议用900升以上的水族箱饲养，并加盖防止其跳出。它们除了对倒吊鱼不友好外，对其他品种的鱼态度很温和。

黄金倒吊

通 体 黄 灿 灿 的

　　黄金倒吊整体呈鲜黄色，身体中部隐约有一道横向的白色粗条纹，它深受海水观赏鱼爱好者喜欢，也是最容易饲养的倒吊鱼之一。

❖ 黄金倒吊

黄金倒吊不能忍受甲醛的刺激，因此，在治疗寄生虫类疾病时不要使用甲醛或其稀释产品福尔马林。

黄金倒吊幼鱼的身体呈半透明状，体色微微发黄，在其长大的过程中身体会逐渐不再透明，变得越来越黄。

❖ 黄金倒吊幼鱼

　　黄金倒吊又称为黄金吊、黄高鳍刺尾鱼等，是很常见的观赏鱼品种，而且产量很大，它们主要分布于西太平洋的夏威夷海域。

　　在海水观赏鱼中，除了小丑鱼之外，单一品种数量最大的就要数黄金倒吊了，其成体体长为 20 厘米左右，体卵圆而侧扁，幼鱼及成鱼身体、头部及各鳍皆呈鲜黄色。它们还有手术刀一样锋利的尾柄刺，是极具杀伤力的武器。

　　黄金倒吊主要栖息在水深 1~40 米的岩礁和珊瑚礁区，是杂食性物种，对食物和居住环境不怎么挑剔，在水族箱中饲养时几乎吃所有的人工饲料，尤其喜欢吃饲养在水族箱中的各种藻类，特别是火焰藻，而且还会啃咬珊瑚的伤口，造成更大的创伤，甚至毁灭整株珊瑚。在水族箱中饲养时，应尽量避免同时饲养两条黄金倒吊，如果要同时饲养，最好同一时间引入，因为后来者很容易被先来的消灭。如果要在已经饲养有一条或一群黄金倒吊的水族箱中再次引进一批，必须保证新引进的数量要大于原有数量，并确认后来者不比原有的小。

大帆倒吊

鳍 撑 起 时 像 船 帆

大帆倒吊的体色呈褐色与黄色相间，身体上有数条鲜明的纵纹和黄色线条，当鳍部张开时，整个身体几乎扩大了一倍，好像帆船撑起的帆一样，因此得名。

大帆倒吊又称为大帆吊、太平洋帆吊等，主要分布于太平洋的热带海域，生活在水深5~10米的浅海珊瑚礁中。

大帆倒吊的幼鱼和成鱼区别不大，身体上除了纵纹之外，还布满了小斑点，面部则布满了黄色小点。其幼鱼体色发黄，成鱼的身体为褐色与黄色相间。大帆倒吊需要在600升以上的水族箱中饲养，它们和其他鱼能和平相处，但在一段时间内会攻击其他倒吊鱼，可以通过同时入缸减少它们的攻击行为。它们主要吃海草和海藻等植物性饵料，也吃虾、蟹、珊瑚虫等。

❖ 大帆倒吊

❖ 大帆倒吊幼鱼

❖ 珍珠大帆倒吊

珍珠大帆倒吊与大帆倒吊长得很像，身体上也布满了圆形斑点和条纹，它们在水族箱中的最大体长可达40厘米，其体色比大帆倒吊的更漂亮。

❖ 独角倒吊

❖ 长着长鼻子的匹诺曹

独角倒吊又名长吻鼻鱼、粗棘鼻鱼，俗名剥皮仔、打铁婆、独角吊、独角兽、长鼻天狗等，主要分布于非洲东部、印度洋—太平洋海域北部及夏威夷等地的珊瑚礁区。

独角倒吊因头顶长长的角状突起而得名"单角、独角、长鼻"等，其体色为蓝灰色，腹侧则为黄褐色，体长达到30厘米左右时，头顶会长出角状突起，随着体长的增加，头顶的角状突起会不断增加，直到体长达到70厘米左右后（水族箱中体长一般最大为50厘米），头顶的角状突起便不再生长，其长度不同，种类也不同，看上去有点像童话故事《木偶奇遇记》中长着长鼻子的匹诺曹，有点古怪且搞笑。

独角倒吊脾气温和，对其他品种的鱼类很友好，但有时会攻击同类，在水族箱中饲养时，需要足够的游动空间和藏身地点，因此一般饲养在800升以上的水族箱中。

独角倒吊

长 着 长 鼻 子 的 刺 尾 鱼

独角倒吊的形象如同意大利童话故事《市偶奇遇记》中长着长鼻子的匹诺曹一样，带有几分荒诞，又有几分搞笑。

独角倒吊的体色会随着生活海域的颜色而改变。
❖ 独角倒吊

金毛倒吊

金毛倒吊有颜色非常鲜艳的背鳍，撑起时如同古罗马战士的头盔，威武霸气，又如同朋克一族的鸡冠头一样斗艳争奇。

金毛倒吊又被称为金毛吊、印度天狗吊、夏威夷天狗吊、美丽鼻鱼等，属于鼻鱼属，主要分布于太平洋以及印度洋等海域，其中产自夏威夷的金毛倒吊通常比其他地方的更艳丽。

金毛倒吊幼鱼身体的主色调为灰黑色，背鳍和臀鳍为黄色，随着鱼龄增加，体色会逐渐变深，成熟后身体会变成深蓝灰色，眼睛前面像戴了个面具，头部黄色，背鳍前端会变得格外的明亮而金黄。

金毛倒吊不需要很多藏身的地方，但是需要足够的游动空间，它们有一定的攻击性，建议混养多个品种，并多条同时下缸。它们是杂食性动物，能够适应珊瑚缸，比较好饲养。

| 金毛倒吊 | 古罗马战士头盔 |

❖ 金毛倒吊与古罗马战士头盔

❖ 金毛倒吊

❖ 天狗倒吊

天狗倒吊与金毛倒吊长得很像，其最明显的不同就是背鳍颜色，金毛倒吊的背鳍为醒目的黄色，而天狗倒吊则是黑色，仅在背鳍尾部有一丝黄色。

蝴蝶鱼

蝴蝶鱼是色彩最艳丽的海水鱼之一，也是海水观赏鱼中最主要的成员之一，它们的体色多彩，非常漂亮，因形似蝴蝶而得名。

蝴蝶鱼对于珊瑚礁的依赖性极强，它们的食物大部分来源于此，因此，一个地区的蝴蝶鱼种群数量能够很好地反映当地珊瑚礁的数量和健康情况，蝴蝶鱼种群也是环境学家判断海洋生态的重要指标之一。

蝴蝶鱼的外形和体色相差较大，但体色一般都很鲜艳，通常是黄色或白色的底色上带有强对比的深色花纹，同时利用穿过眼睛的条纹和身体后部的假眼点来迷惑捕食者。

黑鳍蝴蝶鱼在水族箱环境中几乎只食用活珊瑚，而且不接受替代食物，此外，饲养黑鳍蝴蝶鱼需要至少1500升生态环境良好的珊瑚水族箱，否则很难饲养，因此，黑鳍蝴蝶鱼虽美，但不建议家庭饲养。

❖ 黑鳍蝴蝶鱼

蝴蝶鱼是典型的珊瑚礁鱼类，广泛分布于太平洋和印度洋的珊瑚礁或浅海海域，有一些品种仅存在于一些很小范围的海域。

典型的珊瑚礁鱼类

蝴蝶鱼的成体体长大多为10~15厘米，体形为卵形、扁平，吻部微微突出，便于啃食珊瑚，是典型的珊瑚礁鱼类。

蝴蝶鱼和倒吊鱼、草莓鱼一样，其成鱼和幼鱼相比，体色和体态都有变化，有些变化很大，有些变化很小。另外，根据种类不同，蝴蝶鱼的体色也各具特点。许多种类的蝴蝶鱼的幼鱼背鳍后端靠近尾巴处有一个像眼睛一样的黑斑，被称为"伪眼、假眼"，而其真正的

眼睛常被深色斑纹覆盖，反而不明显。这是因为蝴蝶鱼的幼鱼在孵化后就需要独立生存，它们的游速慢，自卫能力弱，"伪眼"能很好地迷惑捕食者，从而为自己争取逃脱时间。多数种类的蝴蝶鱼长大后假眼斑纹会消失，而眼睛上的深色斑纹会继续保留。

饲养蝴蝶鱼具有挑战性

蝴蝶鱼有近 200 种，它们体形飘逸、色彩艳丽、姿态高雅，常被养于水族箱中供人观赏，其中最常见的有月光蝶、黑镜蝶、网蝶、黄风车蝶、四斑蝴蝶鱼、印第安蝶、镊口鱼、人字蝶、霞蝴蝶鱼、关刀鱼、前颌蝴蝶鱼等。

不过，蝴蝶鱼并不像雀鲷、草莓鱼那样容易饲养，它们对水质的要求很高，而且喜欢一直游动，因此需要较大的水族箱。除此之外，蝴蝶鱼有啃食珊瑚和软体动物的习惯，除了少部分蝴蝶鱼可以接受人工饲料之外，大部分蝴蝶鱼只接受肉食，如鱼肉、虾肉、贝肉、各种小型节肢动物、环节动物、软体动物等。

因此，蝴蝶鱼虽然好看，想要养好它们还是具有挑战性的。

饲养蝴蝶鱼的要点

蝴蝶鱼是一种有社会阶层的鱼类，如果水族箱中同时放入几条蝴蝶鱼，它们之间很快就会形成以头鱼为首的社会形态，彼此之间不敢逾矩。如果水族箱中仅仅放入两条蝴蝶鱼，那么用不了多久，其中一条就会占有绝对支配位置，另一条则被驯服。

蝴蝶鱼除了喜欢啃食珊瑚之外，还有一个恶习，那就是喜欢捉弄甲壳动物，如拉扯虾类的脚，即便是较大的虾也无法躲避被蝴蝶鱼扯掉虾脚的命运。

将不同种类的蝴蝶鱼混养或者将蝴蝶鱼和其他性情温和的鱼类（如弹涂鱼、倒吊鱼、虾虎鱼等）混养时，它们之间能和平共处，但是，蝴蝶鱼不能和有争食、好斗的鱼类（如扳机豚科的鱼、大的神仙鱼及隆头科的鱼等）饲养在一起。

蝴蝶鱼是一夫一妻制，成群活动时也会与伴侣游在一起，如果被分开，其中一条会不断寻找对方。蝴蝶鱼固定的伴侣关系至少会保持 3 年，而有些蝴蝶鱼可能终生配对。

蝴蝶鱼很难在人工环境下繁殖成功。

印度尼西亚附近海域有 60 多种蝴蝶鱼。我国南海有超过 48 种蝴蝶鱼。

蝴蝶鱼生性好动，喜欢在水中不停地游弋，因此，必须给它们足够的空间。如果饲养蝴蝶鱼的空间小，它们就会有压迫感，成天处于紧张状态，甚至会互相攻击。

要想饲养出健康、漂亮的蝴蝶鱼，要求水质中的硝酸盐含量低于 20 ppm，磷酸盐含量在 0.1 ppm 以下，水温最好保持在 26℃ 左右，否则蝴蝶鱼会容易患白点病、感染细菌疾病或突然暴毙。

蝴蝶鱼比较容易携带寄生虫，如本尼登虫和鞭毛虫等，因此，在放入水族箱之前，一定要提前检疫和杀虫，以免感染了整个水族箱。

❖ 月光蝶

月光蝶是最大的蝴蝶鱼之一，体长一般为8~20厘米，最大体长可达30厘米。它们还善于游动，一般除了睡觉外，都在游动。因此，人工饲养时需要大的水族箱或者开阔的空间供其自由活动。

月光蝶是一种比较耐寒的蝴蝶鱼。

月光蝶又称为鞭蝴蝶鱼，广泛分布于印度洋、太平洋的热带海域。

月光蝶的体色为金黄色，有6~7条蓝色纵带，头部呈三角形，下颚金黄色，臀鳍为银白色并有黄边，尾鳍上、下叶边缘为粉红色，尾柄有粉红色块，背鳍末端粉红色，身体后半部有显眼的黑色斑块和如弯月一样的白边。

月光蝶在自然环境中的寿命为25岁左右，它们喜欢成对或成群地在水深30米以内的潟湖和外海珊瑚礁区活动，以丝藻、石珊瑚、海绵和其他底栖的小型无脊椎动物为食。月光蝶需要在250升以上的水族箱饲养，因为它们需要足够的活动空间和躲藏地点，它们可以和其他的蝴蝶鱼混养，不过，不要把它们放入珊瑚缸中，因为它们会吃珊瑚和海葵。

月光蝶

身 体 上 有 宛 如 明 月 的 斑 纹

月光蝶色彩绚丽，体态动人，身体后上部有一个卵形的蓝黑色大斑，斑后缘为橘红色，斑下缘有宽宽的白边，宛如一弯明月，因此而得名。

网蝶

网蝶全身黄色，布满暗黄色网格纹状的图案，眼部、背鳍和尾部有黑纹，非常亮丽醒目。

网蝶又被称为格纹蝴蝶鱼、雷氏蝴蝶鱼，它和大部分蝴蝶鱼一样，多生活在浅水岩石礁滩和珊瑚礁海域，还可以进入河口，在咸淡水交汇处生活。

网蝶在幼鱼时全身黄色，仅眼部有黑纹，背鳍和尾部的黑纹在成长的过程中才会慢慢出现并逐渐加深，其成体长达到15厘米左右便不再生长。网蝶在睡着了或感觉到压力时，身体前半部分会出现暗色斑点。

网蝶因没有食用价值，所以不被捕捞者重视，不过，它们因非常有个性的网格纹、温顺的性格和比其他蝴蝶鱼更好的耐受度而成为水族箱中的重要一员。由于它们需要足够的藏身地点，因此需要在350升以上的水族箱中饲养，网蝶还可以和性情温和的鱼一起混养，主要以切碎的海鲜为食。

网蝶在夜晚休息或受到威胁时，身体上的黄色会变成灰白色或浅褐色，额头上的颜色会变成深蓝色，嘴部的颜色会变成棕色，除此之外，身体上还会出现黑色斑纹。

❖ 网蝶

❖ 受惊后的网蝶

网蝶一旦习惯了水族箱环境，饲养起来就会比较容易，而且非常耐活，有记录显示，在水族馆中饲养的网蝶最长超过 16 年。

网纹蝶

　　大部分蝴蝶鱼品种都适合家庭饲养，但是也有一些品种不建议饲养，如网纹蝶。网纹蝶又被称为网纹蝴蝶鱼，其形态和网蝶如出一辙，但是两者的网纹和体色不同，网纹蝶浅黄色或灰色的身体上覆盖的是黑色网格纹状的图案。网纹蝶虽然和网蝶的名字仅有一字之差，但是它却因为体色单调和饲养难度大而不被水族市场看好。

　　网纹蝶的饲养环境：普遍认为需要水质优良、稳定，至少 1000 升的珊瑚水族箱才可以饲养一条，而且需要饲喂活的 SPS 珊瑚（小水螅体硬珊瑚）才能存活，因此不建议个人或家庭饲养。

❖ 网纹蝶

黑镜蝶

独 特 的 典 雅 之 美

黑镜蝶全身银色，有几道灰黑色纵纹，其体色虽不如其他蝴蝶鱼那样艳丽，但是却有一种独特的典雅之美，是水族箱中很好的补充配色。

黑镜蝶又名银身蝴蝶鱼，是西太平洋热带海域中唯一一种色彩朴素的蝴蝶鱼，在看尽了五彩斑斓的其他热带鱼后，朴素的黑镜蝶仿佛水族箱中的另类。

黑镜蝶的成体体长一般为13厘米，和网蝶一样体色朴素，甚至都不如网蝶身体的纹路美观，但是它却性情温和，对食物不会过度挑剔，而且每次都会津津有味地吞食。不仅如此，它还是蝴蝶鱼家族中对疾病最有抵抗力的品种之一。因此，黑镜蝶虽然体色不具有竞争力，但却因为比较容易饲养，而成为水族箱中比较常见的海水观赏鱼类。黑镜蝶同种类之间会发生争斗，在水族箱中最好只养一条。

❖ 黑镜蝶

黑镜蝶有领地意识，一旦遇到入侵者或同一个水族箱中有竞争者时，它们就会不安地竖起背鳍，做出防御状。

❖ **竖起背鳍的黑镜蝶**

黄风车蝶较少出现在水族贸易中，一般认为，水质优良、运行稳定、至少1000升的珊瑚缸才可饲养1条，应喂食SPS珊瑚。

黄风车蝶又名华丽蝴蝶鱼、黄斜纹蝶，多栖息在水质清澈的外海珊瑚礁，少见于潟湖。黄风车蝶和其他种类的蝴蝶鱼一样，是日行夜息的鱼类，幼鱼多单独活动于鹿角珊瑚的枝丫之间，觅食浮游生物，一旦遇到凶险便躲入珊瑚丛中。成鱼一般会成对或成小群在珊瑚礁群周围活动，夜间休息时身上的橘黄色斜纹会随着体色一起变得黯淡，不再醒目。

黄风车蝶成鱼的体长为20厘米左右，野生状态下仅以活珊瑚为食，而且是进食珊瑚的黏液而非珊瑚组织，这在以珊瑚为食的蝴蝶鱼中独树一帜。人工饲养时需要巨大的珊瑚缸，成本比较高，仅适合专业水族馆饲养或者企业饲养，不适合个人或家庭饲养。

黄风车蝶

非 常 华 丽 的 橘 黄 色 斜 纹

黄风车蝶的面部有几道黑色斑纹，在它们浅白色或浅黄色的身体上有6道橘黄色的斜纹，背鳍和臀鳍边缘有黑色和黄色的细纹，看上去非常华丽。

❖ 黄风车蝶

人字蝶

身 上 有 人 字 纹

人字蝶是一种色彩鲜艳的小型蝴蝶鱼，因身体上有众多斜纹、形如多个"人"字而得名；因背鳍末端呈长长的丝状而被称为丝蝴蝶鱼；还因其喜爱游动，常会将背鳍露出海面，形如船帆而得名扬幡蝴蝶鱼。

人字蝶广泛分布于印度洋、太平洋的热带和温带海域，我国沿海地区也都有出产。

人字蝶的体长可达20厘米，其面部有一道黑纹穿过眼睛，通常眼睛上方颜色较淡，吻尖突，嘴里是密集排列的细小尖牙。它的身体前部 2/3 为白色，后部 1/3 为黄色，并有暗纹排列成"人"字形。其背鳍为金黄色并带有黑边，后部有黑色的假眼斑，其中一个软鳍条延长成丝状，看上去非常飘逸。

人字蝶的食性比较杂，和大部分蝴蝶鱼一样，它们会啃食珊瑚以及珊瑚和岩礁上附着的藻类，同时也能捕食浮游生物以及各种小型虾、蟹、蠕虫、桡足类以及腹足类动物。因

人字蝶长到 13 厘米左右才发育成熟，开始寻找配偶。它们和蝴蝶鱼科其他鱼一样是一夫一妻制，固定的伴侣关系可以保持很多年。它们全年都可以繁殖，一年会繁殖好几次。

人字蝶的卵约需 30 天孵化，浮游期约为 40 天，而后变态发育成幼鱼，人字蝶幼鱼的样子基本与成鱼相同，体形较成鱼偏圆，斜纹不明显，背鳍不具有拉丝，尾鳍透明。

❖ 人字蝶

此，在人工饲养环境中，它们很容易接受人工饵料，是蝴蝶鱼中比较容易饲养的品种之一，但是相对于雀鲷、草莓鱼等，饲养难度还是比较大的。

人字蝶是群居动物，必须在熙熙攘攘的复杂环境中才能活得好，倒吊鱼、小神仙鱼、隆头鱼都会让它们有安全感。如果将一条人字蝶放到一个没有任何其他鱼的水族箱中，它就会十分紧张，甚至完全绝食。因此，如果想养好人字蝶，可以在水族箱中放5条以上，形成一个群落。

❖ **假人字蝶**

假人字蝶又名飘浮蝴蝶鱼、斜纹蝴蝶鱼，体长一般为23厘米，配色上与人字蝶类似，人字蝶身体后部为黄色，而假人字蝶的第二背鳍和臀鳍为黄色，身体后部有黑色条纹。

假人字蝶比人字蝶的饲养难度高很多，而且它们在人工环境中常会因绝食而迅速死亡。

绘蝴蝶鱼又名锈色蝴蝶鱼，体长一般为20厘米，体纹与人字蝶、假人字蝶很像，仅眼部、身体后部以及背鳍上的黑色纹不同。

❖ **绘蝴蝶鱼**

人字蝶性情温顺，可与大部分海鱼混养，但不能与性情凶猛的鱼混养。它们喜欢躲藏地点足够的环境并在活石上取食，适合在纯活石缸中饲养，可以投喂各种动物性饵料、藻类，也可追加一些椰菜、芦笋等植物性饵料。

四斑蝴蝶鱼

长 有 巨 大 的 " 伪 眼 "

四斑蝴蝶鱼的体侧有深蓝色、类似叶脉状排列的细线条，一直延伸到尾柄附近巨大的带有白边的黑色圆斑处，整个造型像一根孔雀羽毛。

四斑蝴蝶鱼是加勒比海地区最常见的蝴蝶鱼，主要以珊瑚纲生物为食，包括软珊瑚、石珊瑚和海葵等。

四斑蝴蝶鱼成体的体长为15厘米左右，体色浅灰色或蓝灰色，面部和腹侧为淡黄色，身体上有蓝色细线纹，在尾柄附近有个"巨大"的、带有白边的黑色圆斑，看上去像大眼睛（伪眼），因此又得名加勒比海四眼蝶。

四斑蝴蝶鱼和其他蝴蝶鱼一样，幼鱼通常单独生活，一般只有长到体长9厘米后才会性成熟，而后便开始

❖ 孔雀羽毛

四斑蝴蝶鱼和大部分蝴蝶鱼一样，也是一夫一妻制，固定的伴侣关系可以保持很多年，但是，同一个区域内单身成鱼数量过密时会导致配偶之间分离，从而重新选择。

❖ 四斑蝴蝶鱼

四斑蝴蝶鱼是杂食性鱼类，不过它们主食珊瑚。将它们从自然环境转换到水族箱环境中时会大费周折，因此，除非很有耐心的个人玩家，否则不建议个人饲养。

人工饲养四斑蝴蝶鱼时，建议用250升以上的水族箱，将它与性情温和的鱼混养，可以成对饲养，但同性会打架。

寻找配偶。四斑蝴蝶鱼配对成功后便会成对活动，没有配对成功的成鱼会集小群活动。四斑蝴蝶鱼一生中大部分时间都在游动和进食。

四斑蝴蝶鱼最醒目的标志就是黑色斑块（伪眼），而幼鱼除了在尾柄处有黑色斑块外，在背鳍上还有两个较小的黑色斑块（伪眼），成年后背鳍上的黑色斑块会逐渐消失。

除此之外，据专家研究发现，四斑蝴蝶鱼的"伪眼"是会变的，每条鱼都有自己特有的斑块，虽然彼此之间的黑色斑块差别不大，但却是它们互相辨认身份的重要元素。

四斑蝴蝶鱼需要用盐度高一些的海水饲养，最好维持在比重1.025左右，它们不怎么挑食，用其他种类的蝴蝶鱼吃的饲料喂养即可，不过它们比较胆小，每次投喂都要很长时间才上来吃食，如果混养一小群其他的蝴蝶鱼可以缓解它们的紧张感。

❖ 四斑蝴蝶鱼的幼鱼

❖ **支起背鳍时的印第安蝶**
自然环境中的印第安蝶特别喜爱吃炮仗花珊瑚的息肉。

印第安蝶

形 如 印 第 安 人 的 羽 冠

印第安蝶支起背鳍时，其身形如同头上插满羽毛、脸上涂着色彩，好像是古印第安人的羽冠，因此而得名。

印第安蝶又叫作西非蝶王、深水蝶、僧帽蝴蝶鱼，在自然环境中很少出现在 40 米以内的水深处，多活动于水深 50~68 米的黑珊瑚和海扇生长丰富的陡峭岩礁斜坡水域，主要产于马尔代夫。

❖ 印第安蝶

印第安蝶容易饲养，但是对同缸的其他鱼类有一定的攻击性。

不要指望任何蝴蝶鱼一口都不吃珊瑚，如果不想珊瑚受到任何伤害，那么就不要饲养蝴蝶鱼，印第安蝶同样会啃食珊瑚，但是并不会对珊瑚造成太大的损伤。

印第安蝶在水族馆内的最长饲养纪录达 12 年。

印第安蝶的最大体长达 18 厘米，其体形不像其他蝴蝶鱼那样是椭圆形的，它更像一个黄色的三角形，上面有 3 道斜向带有浅黄色或者白边的黑色条纹，看起来像印第安人的羽冠。

印第安蝶生性大胆、机警、活泼，并且很容易接受食物转换，是最容易饲养的蝴蝶鱼之一。但是，由于其生活的海域比其他大多数品种的蝴蝶鱼深，捕捞难度大，因此在水族市场上很少见，价格比较昂贵。人工饲养印第安蝶时，要用 200 升或更大的水族箱，因为它们需要较大的游动空间和藏身地点。它是一种性情比较温和的鱼，适合与性情温和的鱼混养，不会经常发生打架事件。印第安蝶属于肉食性动物，可以喂一些蠕虫、无脊椎动物、浮游生物，偶尔也吃一些藻类。

三间火箭

三间火箭在形象上与其他蝴蝶鱼有很大不同，其银白色的身体上有几道带有黑边的橘黄色垂直条纹，还有一张细长的嘴，常在石缝、珊瑚礁上捕食。

三间火箭又名毕毕鱼、钻嘴鱼，主要分布于西太平洋中部和澳大利亚东部的珊瑚礁区，有时会进入潟湖和河口生活。

三间火箭长长的嘴如钻一样，因此得名钻嘴鱼、火箭鱼。大部分观赏鱼的名字都与它们身上的花纹有关，不过三间火箭却让人很迷惑，它的身体上明明是4道橙色纵纹，不知道为何起名为三间火箭？

三间火箭自幼开始就喜欢独来独往，幼鱼与成鱼的外观变化不大，成年后它们会成对出行，觅食各类有机物碎屑以及无脊椎生物。

三间火箭的性情温和，可以和各种鱼类混养，此外，它们可以接受杂食，而且很容易接受食物转换。最让饲养者喜爱的是，三间火箭及钻嘴鱼属的其他几种鱼，在食物充足的情况下很少伤害珊瑚，因此，对珊瑚而言，它们是最安全的蝴蝶鱼之一。不过，它们的寿命在人工环境中不足在自然环境中的一半，成体体长也不足一半。

❖ 三间火箭

三间火箭的尾部透明，背鳍上和大部分蝴蝶鱼一样有"伪眼"，用以迷惑捕猎者。

在自然环境中，钻嘴鱼属的鱼类体长可达20厘米，寿命约为10年，幼鱼与成鱼外观变化不大，只是体色更淡，此外，钻嘴鱼属的幼鱼长相几乎一模一样。属内的成鱼之间可以通过花纹与颜色来区分，不同的钻嘴鱼的嘴的长度和背鳍的鳍条数量有区别，另外，它们可能与生活区域重叠的缘钻嘴鱼（澳洲三间火箭）杂交。

❖ 三间火箭幼鱼

挑选三间火箭时，太大或太小的都不宜，太大不易适应新环境，太小则经不起开口前的饥饿，可挑选10~12厘米长，呼吸平稳，体表无伤痕、寄生虫和疾病的个体。

鬼手海葵的克星

　　鬼手海葵是一类有害的海葵，它们的繁殖速度非常快，在短时间内就能占领整个水族箱，甚至会驻扎在某些珊瑚和鱼类身上，因此成为水族箱中的一大祸害，而钻嘴鱼属的鱼类比较喜爱捕捉鬼手海葵，所以它们常常会被引入水族箱对付鬼手海葵。不过，鬼手海葵在钻嘴鱼属鱼类的自然食谱中并不靠前，因此，在水族箱中如果有更好、更合胃口的食物时，它们便不会考虑捕食鬼手海葵了。

在水族箱中，除非已配对的钻嘴鱼，否则不能成对饲养，如果水族箱足够大，当然可以饲养多条。另外，钻嘴鱼属的鱼类不适合和雀鲷、拟雀鲷、鮋科等攻击性较强的鱼类一起饲养，因为钻嘴鱼属的鱼类都胆小，很容易因紧张而不再进食。

二间火箭刚孵化时几乎和三间火箭同时期的幼鱼一样，等稍长大一点，二间火箭幼鱼的身上就会出现与三间火箭成鱼身上相似的花纹。

❖ **鬼手海葵**

二间火箭又名缘钻嘴鱼、澳洲三间火箭等，它与三间火箭的长相和习性都雷同。

二间火箭的幼鱼和三间火箭的幼鱼长相极为相似，都有4道明显的橙色纵纹，背鳍上都有"伪眼"。成年后，身体上的纵纹会减少为两道，外加一道尾部粗纵纹，"伪眼"也会逐渐变淡，直到消失。

二间火箭比三间火箭胆小，更容易接受人工饲料，它们很少骚扰观赏珊瑚、虾、蟹和管虫等，喜欢独居，除了繁殖期外，几乎不会成对活动。

❖ **二间火箭**

镊口鱼

嘴　细　长　如　镊　子

镊口鱼的身体宽阔且极扁，拥有明亮的纯黄色身体，嘴巴细长如镊子，是蝴蝶鱼家族中最亮眼和最独特的品种之一。

镊口鱼是分布于印度洋、太平洋海域的一类蝴蝶鱼，主要品种有长吻镊口鱼、黄镊口鱼和万氏镊口鱼等，它们主要栖息于珊瑚礁区，喜欢用嘴吸食珊瑚和礁石缝隙中的小型无脊椎动物，如桡足类、甲壳类等。此外，它们还会捕食棘皮动物和管足类动物，为此，它们的嘴进化得非常细长，比钻嘴鱼的更长、尖，可以通过快速扩张下颌将食物直接吸入口中。

镊子

镊口鱼的嘴

❖ 镊口鱼的嘴与镊子

镊口鱼靠声音宣示主权

镊口鱼的自然寿命达 18 年或更久，属于一夫一妻制，有科学家研究发现，在自然界中，一旦雌雄镊口鱼配对成功，它们的伴侣关系可以长达 7 年，甚至更久。

镊口鱼的臀鳍末端靠近尾柄处有一个黑色圆斑，这是它们的"伪眼"。

❖ 镊口鱼的"伪眼"

镊口鱼的领地意识很强，其中黄镊口鱼表现得更明显，它们常成对在自己的领地巡视，并通过不断摇摆身体撞击水流，发出响声来宣示领地范围和主权。入侵者则可以通过声音的强度和持续时间来判断主人的体型和实力，以及它们掌控的领地范围。镊口鱼主要靠声音威慑入侵者并与其沟通，因此，很少会发生正面冲突或追逐、驱赶入侵者的行为，即便是偶尔有攻击行为，也是发生在同性之间，如两条雄鱼为了争夺伴侣，或者两条雌鱼为了领地内的食物而争斗。

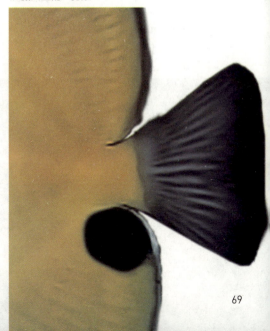

❖ 长吻镊口鱼

长吻镊口鱼面部的黑色区域完全覆盖眼睛，眼睛为全黑。

长吻镊口鱼

长吻镊口鱼广泛分布于印度洋、太平洋海域，主要集中在西澳大利亚的斯科特礁和昆士兰州的大堡礁以及圣诞岛，它们白天在珊瑚礁区觅食，晚上在礁洞中休息。

长吻镊口鱼的最大体长为 22 厘米，身体宽阔，极扁，体黄色，近菱形，嘴的长度约为体长的 38.8%。它们的头部上方为黑色，下方为灰白色，胸部灰白色部分有整齐排列的黑色斑点，斑点有时延伸到面部。

镊口鱼的性情比较温和，可在 350 升以上的水族箱混养，它们会对同伴喋喋不休，建议一次饲养 5 条以上。

黄镊口鱼

黄镊口鱼又名黄火箭，最大体长为 22 厘米，其外观几乎和长吻镊口鱼一模一样，它们的地理覆盖范围也大部分重叠，但是黄镊口鱼分布得更广。

黄镊口鱼和长吻镊口鱼的主要区别：黄镊口鱼的嘴稍微

黄镊口鱼面部的黑白分界线穿过眼睛，眼睛下部有一小块白色区域。

❖ 黄镊口鱼

长一点，背鳍硬棘数量稍多；黄镊口鱼的外形更接近方形，而长吻镊口鱼的外形更圆润；黄镊口鱼的胸部白色区域没有斑点，长吻镊口鱼的胸部有黑色斑点；黄镊口鱼的鳃盖边缘的弧度更大，面部的黑白分界线穿过眼睛，因此，它们的眼睛下部有一小块白色区域，而长吻镊口鱼的鳃盖边缘接近平直，面部黑色区域完全覆盖眼睛，眼睛为全黑。

万氏镊口鱼

万氏镊口鱼的最大体长为 15~17 厘米，仅在印度尼西亚的极乐鸟湾（也叫鸟头湾）和西巴布亚附近有发现，其生活水深达到 40 米，甚至更深。

万氏镊口鱼的长相和其他镊口鱼类似，仅仅是配色略有不同，万氏镊口鱼的体色不是亮黄色的，而是呈暗黄色或橙色，面部上半部分为黑色，下半部分为灰白色，黑色部分完全覆盖眼睛。

长吻镊口鱼、黄镊口鱼和万氏镊口鱼的外观差别很小，颜色亮丽，而且十分强壮，因而成为大水体的岩礁造景缸或温和鱼类的纯鱼缸中的一员。它们能积极接受各种人工投喂的食物，但是由于嘴长而细，取食不太容易，因此喂食时应注意食物种类的丰富多样，少量多次，以满足其营养需求。

❖ 万氏镊口鱼

在饲养过程中，镊口鱼常会和饲养者隔着玻璃互动，会跟随饲养者的手指游动，甚至在水中翻滚或者肚皮朝上游泳等，如果是一条饲养了很久的镊口鱼，有时还会在饲养者将其捞出水面时，朝饲养者吐水。

虽然镊口鱼容易饲养，但它们对于水质的要求仍然比其他的鱼类高得多，它们需要洁净流通的稳定水质，否则很容易感染各种海水寄生虫。

神仙鱼

海洋中的神仙鱼与淡水中的神仙鱼一样飘逸美丽，是观赏鱼家族中外形最雍容华贵的珊瑚礁鱼类之一，其身影几乎遍及世界各地的水族馆、海洋馆等。

海洋神仙鱼部分种类的雌雄个体的体色、形态都不同。

神仙鱼大约有 8 属 90 个品种，广泛分布于世界各热带海域，绝大多数生活于西太平洋，尤其是珊瑚礁海域。

神仙鱼与蝴蝶鱼是近亲

神仙鱼的身体呈菱形或近于椭圆形，非常侧扁，口小，具尖锐的细齿，其背鳍连续，有许多品种的神仙鱼的背鳍和臀鳍的软条尖长而突出。神仙鱼和蝴蝶鱼是近亲，外形也很相似，不过，神仙鱼的体型比蝴蝶鱼大且圆，鳃盖上有棘刺，也因此得名盖刺鱼，而蝴蝶鱼的鳃盖上没有棘刺。此外，大部分神仙鱼的幼鱼体色和图案会随着成长而改变，而大部分蝴蝶鱼的幼鱼与成鱼之间的体色和图案变化并不大。

领地意识很强

绝大多数神仙鱼分布在水深 20 米以内的珊瑚礁区，它们对栖息地有特殊的要求，通常会选择有很隐秘的洞穴、独立礁、大石块等孔洞较大的珊瑚礁区作为栖息地。它们一旦选择了栖息地，就会将此地视为独有领地，其他非伴侣的神仙鱼不允许在领地范围内活动。神仙鱼

❖ 十一间仙

的领地大小会根据它们的体型不同而不同，如刺尻鱼属的神仙鱼，由于体型小，所以它们的领地只有几平方米，而一些大型的神仙鱼的领地范围可达上千平方米。

大部分神仙鱼都凶猛、好斗，它们的牙齿可以用来刮下附着在岩石上的藻类或咬碎珊瑚的碳酸钙骨骼，同时也是战斗的武器，但是它们一般只会攻击同类，很少攻击其他鱼类。如果在同一个水族箱中放入同样大小的同品种的神仙鱼，那么整个水族箱就不会太平，它们之间会拼死搏斗，直到一方退缩或者被打死、打残。

神仙鱼的特殊家庭

神仙鱼常雌雄成对地在珊瑚礁领地中巡视、觅食，有些种类的雄性神仙鱼（尤其是小型的神仙鱼）的配偶不止一个，而且它们之间也会有地位高低，一旦雄鱼死亡或者离开，地位最高的雌鱼就会变性为雄鱼，同时接管这个家族和领地。

蒙面神仙属于阿波鱼属，仅出现在夏威夷和约翰斯顿岛附近海域，其体色黑白分明，是"最温柔的神仙鱼"之一，但是因为其食性比较专一，只吃海绵和被囊动物等，不容易人工饲养，很少在水族馆或水族箱中出现。

❖ 蒙面神仙

❖ 火麟神仙

神仙鱼很容易携带寄生虫，因此入缸前一定要检疫，确保不把疾病带到海水缸。

火红刺尾鱼的幼鱼会在形态及游姿上模仿盖刺鱼科的盖刺尻鱼、海耳刺尻鱼及伏罗氏刺尻鱼；而印度洋的暗体刺尾鱼会模仿虎纹刺尻鱼。这种现象十分有趣，但迄今原因仍不明。

神仙鱼和大部分热带鱼一样，可以常年繁殖，它们在交配时会嬉戏追逐，雄鱼会温柔地亲吻雌鱼腹部，然后会一起游至3~9米深的海域，同时排精排卵，卵孵化后再沉入海底，幼鱼1~2年后才长成成鱼。

神仙鱼的成长阶段会经历先雌后雄的性转变，也就是说，长到最后都会变成雄性，因此雌雄比例严重失调，有不少神仙鱼品种会因"饥不择食"而产生杂交混种的例子（很多杂交混种神仙鱼非常有观赏价值）。

海水神仙鱼饲养难度比较大

海水神仙鱼是海水水族生物的重要一员，它们色彩艳丽、形态优美，广受水族爱好者的欢迎，但是，这类鱼饲养起来却比较麻烦。

在自然界中，大部分海水神仙鱼主要以珊瑚虫、蠕虫、节肢动物和海藻为食，也喜欢吃海绵、环节动物等，而在人工饲养环境中，它们喜欢吃高蛋白的虾肉或鱼肉，也会进食蔬菜和海藻，但是有些个体却非常挑食，只吃特定的食物，稍有不如意就不进食。它们的耐饥饿能力远不如其他的海水观赏鱼，一般10~20天内不进食，肠胃就会萎缩，随后就会生病。

海水神仙鱼对水族箱饲养环境的要求非常高，一般不能忍受水中含有氨，对硝酸盐的承受能力也不高，它们的最大承受值是25ppm，如果超过这个含量，有些神仙鱼虽然可以存活，但一定会疾病频发并食欲减退。

蓝嘴黄新娘

带有喜感的神仙鱼

蓝嘴黄新娘全身是亮丽的黄色，它的蓝色嘴唇和电影《射雕英雄传之东成西就》中梁朝伟饰演的欧阳锋中毒后的"香肠嘴"一样微微翘起，尽显喜感。

蓝嘴黄新娘又名蓝嘴新娘、蓝嘴神仙、三点阿波鱼，属于阿波鱼属，是大型的神仙鱼品种，成鱼常活动于 15~60 米深的陡峭礁斜坡中，而幼鱼则生活在更浅的地区，靠藻类生存。

独具魅力的"新娘"

"新娘"这个名称大多用于小型神仙鱼，而体长为 25 厘米左右的蓝嘴黄新娘因体色亮丽、身形曼妙也被称为新娘，这在大型神仙鱼中并不多见。

蓝嘴黄新娘幼鱼的体色绿中带黄，尾部背鳍上有黑色圆斑块的"伪眼"，眼睛上有蓝黑色斑纹纵向穿过，随着成长，体色会逐渐变成黄色，"伪眼"也会渐渐扩散，而后消失，穿过眼睛的蓝黑色斑纹会逐渐淡化成头部和眼睛周围的一些黑蓝色和浅褐色的斑纹，尤其是头顶上方有一小段蓝黑色斑块，好像蓝嘴黄新娘的眉毛，配上颇具喜感的蓝色嘴唇，使它看上去非常有魅力。

饲养蓝嘴黄新娘时应采用 500 升以上的鱼缸，保持 26℃ 左右的水温，可适当搭配其他中小型热带海水鱼。用幼鱼入缸，如果要养大鱼，最好搭配其他有诱食作用的鱼。

蓝嘴黄新娘带有喜感的嘴唇和浓黑的眉毛。

❖ **蓝嘴黄新娘**

❖ **蓝嘴黄新娘幼鱼**

蓝嘴黄新娘幼鱼的体色黄中带着浅绿，眼部有黑色纵纹穿过，后部背鳍上有"伪眼"。

神仙鱼中的另类

　　蓝嘴黄新娘广泛分布于西太平洋到印度洋地区，我国也有广泛分布，而且捕获量大，因此在水族市场上比较廉价，是神仙鱼中的另类。

　　蓝嘴黄新娘能非常容易地适应人工饲养环境，大部分神仙鱼对待同类很不友好，在水族箱中更是斗得你死我活，但是蓝嘴黄新娘却是个例外，它们即便是和其他大型神仙鱼一起饲养，也很少会遭到它们的攻击，这是因为蓝嘴黄新娘和其他大部分神仙鱼不同，它们不太在意领地，反而大部分时间会在水族箱中到处乱转，它们会混迹在雀鲷和倒吊鱼鱼群中嬉戏或者觅食。因而，那些神仙鱼可能不认为它是同类。

蓝嘴黄新娘成鱼对软体动物有攻击性，而幼鱼则可以放心饲养在礁岩生态水族箱中。蓝嘴黄新娘身上的寄生虫较多，如果发现身上出血或有红斑的鱼，千万别引入水族箱中。

❖ **金点仙**

神仙鱼中的阿波鱼属的鱼类头部都有一个黑色斑块，如同眉毛一般。

金点仙又名火花、金点阿波鱼，最大体长为25厘米，主要生活在3~80米深的潟湖斜坡上。

金点仙与蓝嘴黄新娘很像，只是没那么亮丽，其身体淡黄色，身上有许多明亮的黄色斑点，背鳍、尾鳍和肛门鳍都是黑色的，并带有蓝色的边缘，嘴唇也是蓝色的，如同蓝嘴黄新娘的一样，但是没有蓝嘴黄新娘的那么蓝。

❖ 老虎仙

老虎仙

非 常 稀 少 的 神 仙 鱼 品 种

老虎仙因体色如同老虎的斑纹而得名，它是比较漂亮且少见的神仙鱼品种，很少出现在水族贸易中，因而价格比较昂贵。

老虎仙主要分布于从南非东部至马达加斯加北部的亚热带海洋保护区，其分布范围很小，因而在水族市场上非常稀少，大部分时候只能在水族馆、海洋馆中才能看到它。

老虎仙又名金氏阿波鱼，属于阿波鱼属，其身体上部覆盖着黄黑色纵纹，腹部为白色。幼鱼和成鱼的区别不大，仅仅是在身体上部的后半部分多了一个黑圈（不大明显的"伪眼"），成长后逐渐消失。它们主要生活在靠近岸边的岩礁区域，取食海绵和被囊动物。

老虎仙可放养在无脊椎造景缸中，数量以1~2条为宜。幼鱼一天喂食几次丰年虾，成鱼喂食动物性饵料或人工专用饲料。

❖ 可可仙

可可仙

胆 子 非 常 小 的 神 仙 鱼

可可仙是非常有名的小神仙鱼，其身体分前后两部分，前半部分为黄色或橘黄色，后半部分为蓝色，尾部颜色与前半部分相同，非常小巧可人。

可可仙又名可可神仙鱼、乔卡刺尻鱼，属于刺尻鱼属，原产于印度洋东部的科科斯岛、圣诞岛附近的珊瑚礁海域。

可可仙很容易饲养，但是很胆小

可可仙的最大体长仅 9 厘米，其中产自圣诞岛的可可仙更加昂贵。圣诞岛是澳大利亚的一座岛屿，岛上有 20 多种蟹，每年 10—12 月，岛上会出现成千上万的红蟹大迁徙的奇观，使可可仙蒙上了一层神秘的面纱，被水族爱好者追捧。

可可仙很容易饲养，它们小巧美丽，一般不会破坏珊瑚，所以是美丽的珊瑚水族箱中最亮丽的点缀鱼类，是不可多得的海水观赏鱼品种。但是可可仙天生胆小，刚入新水族箱时，不建议使用小于 200 升的水族箱，而且尽量不要和凶猛的鱼类一起混养，否则它们会紧张，甚至死亡。要注意的是，可可仙会攻击和它们有类似体色和形状的鱼，尤其会攻击同类。

可可仙很容易适应人工环境和人工饲料，只不过对水质要求很高。饲养环境不能使它有压迫感，压迫感包括水族箱中的其他水族、饲养空间太小、水质不佳，甚至是观赏它的人，都有可能使它们紧张。

石美人

石美人又称双色刺尻鱼、双色神仙鱼、黄鹂神仙鱼等，它和可可仙的大小、体形和体色都很相似，但是它却是一种相对比较廉价的神仙鱼品种，这是因为石美人的产地较广，其西起东非沿岸，东至萨摩亚和土阿莫土群岛；北至日本南部，南至新喀里多尼亚，比可可仙的产地广。此外，石美人的食性比较杂，会啃食珊瑚，因此无法饲养在珊瑚水族箱中。

据记载，在我国香港某水族贸易公司曾有可可仙在拍摄宣传照片时，因闪光灯闪烁而被吓死。

石美人常成对或一小群出现，多在靠近底部处活动。它们会啃食软硬珊瑚及贝类，不适合在珊瑚缸中饲养。

❖ 石美人

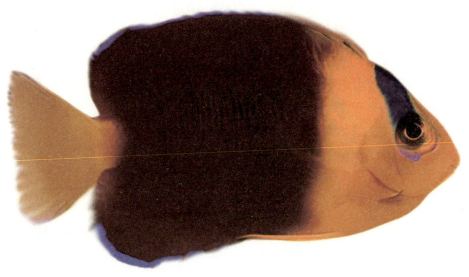
❖ 复活岛神仙鱼

复活岛神仙鱼

    复活岛神仙鱼的主要产地是东太平洋上大名鼎鼎的复活节岛海域。

    可可仙和复活岛神仙鱼是近亲，它们除了体色之外，几乎一模一样，复活岛神仙鱼的最大体长可达 8 厘米，其体色为暗红色或者暗黄色，身体中央有一大块褐色区域。

    可可仙因为产于圣诞岛而变得昂贵，而复活岛神仙鱼则因产地复活节岛上的数百尊神秘的巨型石像而闻名于世，因此，其价格也远比可可仙昂贵。

复活节岛最早的居民称该岛为"拉伯努伊岛"或"赫布亚岛"，意即"世界之脐"。岛上居民混杂，以波利尼西亚裔为主，首长霍图·玛阿即最早的开拓者之一。
❖ 复活节岛巨型石像

火焰仙

最 受 欢 迎 的 小 型 神 仙 鱼

火焰仙有一个亮橘红色带黑色纵纹的身体，背鳍及臀鳍末端有蓝色带水平的黑色条纹，它既普通又美丽，是最受欢迎的小型神仙鱼。

火焰仙又名火焰神仙、胄刺尻鱼，属于刺尻鱼属，主要分布于太平洋西部海域，以库克群岛及马绍尔群岛最多，而以圣诞岛出产的价格最昂贵。

火焰仙的体长为10厘米左右，体色鲜艳夺目，且雌雄颜色没有太大的差别，仅雄鱼身上的黑色纵纹较深。它们比较喜欢游动，因此在水族箱中饲养雌雄一对，或者一条雄鱼和几条雌鱼，当它们一起出行时，常会成为水族箱中的观赏焦点。但是要注意，如果在水族箱中放养两条或者两条以上的雄性火焰仙，它们一定会打架。此外，火焰仙喜欢啄食，总会东啄啄、西啄啄，如果给食不及时，或者食物不理想，水族箱中的珊瑚往往会成为它们啄食的对象。

火焰仙和可可仙都以圣诞岛的品质最高，价格也最昂贵，而将两者的价格相比较，火焰仙又更胜一筹。

❖ 火焰仙（雄鱼）

饲养火焰仙时，建议使用至少120升的水族箱，并且要有藏身之处和活食供其啃食。尽量选择与性情温和的鱼类一起混养，不要与同类一起混养，尤其不要和同性的同类一起混养。

刺尻鱼属的鱼的体长大多不超过15厘米，一般被认为是小型神仙鱼，它们生活在大西洋、印度洋和太平洋中，大多是一条雄鱼带领多条雌鱼过群体生活。

❖ 火焰仙（雌鱼）

❖ 金背仙（尾部黄色）
金背仙的幼鱼和成鱼在体色和花纹上并没有太大差异，只是成鱼的体色更加亮丽。

金背仙又名闪光刺尻鱼、金背神仙鱼，仅分布于东南太平洋的阿松森岛海域，为特有品种，被世界自然保护联盟（IUCN）列为次级保育动物。1996年，世界野生动物保护组织将其列入濒临灭绝的红色名单，这是海水神仙鱼中唯一被列入该名单的品种。它们主要栖息于岩礁和碎石区水深15~40米的水域，生性机警，不易被发现。多半单独或一条雄鱼与3~5条雌鱼组群生活，主要以海藻、珊瑚虫和附着生物为食。

金背仙的最大体长为6厘米，其长相和火背仙十分相似，因此常常混淆，它们都是蓝色的身体、黄色的背部，其最大的区别在尾部。金背仙的尾部是亮黄色的，而火背仙又有两

金背仙

唯 一 濒 临 灭 绝 的 神 仙 鱼

金背仙的身体是鲜艳的亮蓝色，亮黄色从脸部开始向上延伸到背部，再一直延伸到尾部，是一种非常有个性的观赏鱼。

个品种，分别是美国火背仙和东非火背仙，其中美国火背仙的尾部是蓝色的，而东非火背仙的尾部则是介于蓝、黄之间的颜色。

　　人工饲养金背仙时，需要 150 升以上的水族箱，一个缸可以多放几条，要有足够的藏身地点和大量的活石供它们取食微藻。由于体型较小，它们一般不会啄食无脊椎动物。它们的食物包括海藻、冻虾、糠虾、其他动物性饵料或质量好的神仙鱼专用饵料，一天可少量投喂 3 次。

❖ 美国火背仙（尾部蓝色）
美国火背仙成鱼的最大体长为 8 厘米。

东非火背仙成鱼的最大体长为 8 厘米。

❖ 东非火背仙（尾部颜色介于蓝、黄之间）

新娘鱼

惹 人 爱 怜 的 小 型 神 仙 鱼

神仙鱼中的很多小型品种的名字带有"新娘"两字，它们可能不是神仙鱼中最艳丽的，却一定有如新娘般的清新脱俗、温婉动人、惹人爱怜的体态和色泽。

❖ 黑尾新娘

黑尾新娘幼鱼整体呈灰黑色，长大后大部分身体才会逐渐变成银灰色，并有一条黑色尾巴。

黑新娘的幼鱼和成鱼在体色和花纹上并没有太大差异。

❖ 黑新娘

刺尻鱼属中的鱼类大多生活在大西洋、印度洋和太平洋海域，它们中的大部分鱼类的体长都不超过15厘米，属于小型神仙鱼，其中很多品种被称为新娘鱼（新娘神仙鱼），如黑尾新娘、黑新娘、蓝眼黄新娘、黄新娘等，它们生性机警，躲躲藏藏地生活在潟湖和面海珊瑚礁区的珊瑚丛中。

黑尾新娘

黑尾新娘又名福氏刺尻鱼、珠点刺尻鱼、伏罗氏棘蝶鱼、棕刺尻鱼、黑尾神仙、红眼仙等，其最大体长为12厘米，身体前面2/3部分是银灰色，身体后部变成黑色，在胸鳍上有一些淡黄色条纹，眼睛带有橘红色的圈，其身体、背鳍及臀鳍前半部分为淡黄褐色至乳黄色，后半部分及尾鳍为蓝黑色，体侧无任何斑纹。黑尾新娘会啃食珊瑚及软体动物，不适合放入珊瑚缸。它们不是很好斗，但不喜欢和其他小神仙鱼一起活动。由于不挑食，容易饲养，因此可作为初学养鱼者的试养鱼。

黑新娘

黑新娘又名黑幽灵神仙鱼、黑刺尻鱼等，其最大体长不超过10厘米，它和大部分观赏鱼都不同，其没有色彩斑斓的体色，体色是单一且纯粹的深褐色或黑色，仅尾鳍有狭窄的灰白色边缘。虽然纯黑色是难得的观赏鱼颜色，但因为颜色太单一，在水族市场上不被人们喜爱，是神仙鱼中最廉价的品种之一。

蓝眼黄新娘

蓝眼黄新娘又名黄金神仙，其最大体长为14厘米，全身金黄色，各鳍边缘以及嘴唇上覆盖蓝色。它们与蓝嘴黄新娘的外形和体色很相似，唯一不同的是，蓝嘴黄新娘没有天蓝色的鳍边和眼圈，所以价格也比蓝眼黄新娘便宜不少。另外，塔希提岛海域的巧克力吊幼鱼的体色和体形与蓝眼黄新娘成鱼非常相似，需要细心观察它们的头部加以区别。

蓝眼黄新娘的幼鱼很特别，它们的身体中央有一个黑蓝圆点，如果单独将一条幼鱼放入水族箱中，它们的黑蓝圆点会在几天内消失。

❖ 蓝眼黄新娘

❖ 蓝眼黄新娘的幼鱼

大部分神仙鱼或者蝴蝶鱼的"伪眼"都长在背鳍或者尾鳍上，而蓝眼黄新娘的幼鱼却在身体中央长着"伪眼"一样的斑纹，更奇怪的是，将蓝眼黄新娘的幼鱼单独放入鱼缸后，"伪眼"会很快消失。

蓝眼黄新娘最容易与黑尾新娘杂交，而且繁殖的下一代的体色通常为黄色，带有蓝色和黑色花纹，色彩比较丰富美丽。

❖ 蓝眼黄新娘与黑尾新娘的后代

此外，蓝眼黄新娘还很容易和其他神仙鱼杂交，因而水族市场上有很多蓝眼黄新娘的杂交品种，其中不乏一些特殊花纹的杂交品种，而且价格非常贵。

黄新娘

黄新娘又名海氏刺尻鱼，最大体长为 10 厘米，其分布较为广泛，而且各个不同海域的黄新娘的个体之间会有差异，如菲律宾海域产的成鱼长有黑褐色眼圈，而马来西亚和印度尼西亚海域产的个体却没有黑褐色眼圈；印度洋产的个体的背鳍、尾鳍的边缘会有红褐色，甚至还会出现浅绿色纹理。根据水族爱好者的经验，印度尼西亚海域产的个体的颜色更加纯正，且容易饲养。

黄新娘是一种环境适应能力很弱的鱼种，10 厘米以上的成鱼很难适应人工饲养的环境，所以很容易养死。而且它们对同类有很强的攻击性，经常会因为争夺领地而大打出手，导致死亡，一般不建议新手饲养。

❖ 黄新娘（印度尼西亚海域产）

黄新娘因分布地域广、产量大而价格便宜，但是它却不是容易饲养的神仙鱼品种，更不能作为水族饲养的入门品种。

黑鳍黄新娘

黑鳍黄新娘又名黑鳍黄神仙鱼、黑背王神仙鱼，原产于太平洋西部、中部，包括日本至大洋洲以及斐济群岛一带的珊瑚礁海域。其最大体长为 10 厘米，幼鱼和成鱼的体色没有太多变化。它与黄新娘十分相似，不同之处在于黑鳍黄新娘的背鳍末端的黑带有鲜蓝色边线，而黄新娘的背鳍末端的黑带没有边线。正因为这条鲜蓝色的边线，使黑鳍黄新娘的身价比黄新娘高很多。

黑鳍黄新娘是 1998 年才被发现的新品种，很适合在海缸内饲养，新手和老手均可。

❖ 黑鳍黄新娘

　　黑鳍黄新娘非常机警，对于外界的声响比较敏感，而且会啃食珊瑚及贝类，因此建议使用120升以上、提供藏身地点的活石缸饲养。它们的食性很杂，主要以海藻和无脊椎动物饵料为食。

橘红新娘

　　橘红新娘又名黑纹红神仙、芒果仙、施氏刺尻鱼、施巴德刺尻鱼等，其最大体长为12厘米，外表与火焰仙近似，很容易被混淆，它们的区别是橘红新娘身上的黑色条纹明显比火焰仙的细，而且数量多，此外，它的体色与尾巴的淡黄色看起来也比火焰仙的色差大。

　　橘红新娘具有一定的攻击性，而且很容易被其他凶猛的鱼欺负，建议使用200升以上的水族箱单养。它们属于杂食性鱼类，主要以海藻为食，但是也会因珊瑚上附着微藻类食物而啄食珊瑚。

多彩新娘

　　多彩新娘又名多彩仙、多彩神仙鱼、多彩刺尻鱼，因身上有蓝色、黑色、黄色、白色、褐色等多种色彩而得名。其最大体长为9厘米，体色为桃红色，看上去多姿多彩，背鳍和腹鳍呈蓝黑色，尾鳍呈黄色。

　　多彩新娘在市面上少见，人工饲养时，应选择带藏身地点和活石的水族箱供其啃食，它们会啃食珊瑚和软体动物，不宜放入珊瑚缸。它们有一定的攻击性，如果要和其他的小神仙鱼混养，应选择250升以上的水族箱。

❖ 橘红新娘
橘红新娘和其他大部分新娘鱼一样，有一定的攻击性，但是因体色醒目，也很容易被其他凶猛的鱼类攻击。

多彩新娘幼鱼的背鳍末端长有一个带蓝圈的黑圆斑纹"伪眼"。

❖ 多彩新娘

❖ 熊猫仙

熊猫仙

神 仙 鱼 中 的 " 熊 猫 "

大熊猫是我国的国宝，非常珍贵，熊猫仙虽然没有大熊猫名贵，却也是神仙鱼中并不多见的受保护的物种之一。

荷包鱼属的神仙鱼中有少量种类的雄性在形态上与雌性有些不同，而且幼鱼和成鱼之间的样子也有一些区别。

熊猫仙通常生活在 20 米以下的水域，并且喜欢在淤泥质海底栖息，而不是在大多数其他神仙鱼（刺盖鱼属）青睐的珊瑚礁海域栖息。

熊猫仙属于荷包鱼属，仅生活在澳大利亚的新南威尔士州附近海域，其学名则以新南威尔士州巴利纳命名为巴林荷包鱼。

熊猫仙最大体长可达 20 厘米，体色由灰白色和黑色组成，仅胸鳍和尾鳍是浅浅的黄色，看上去如同我国的大熊猫一样，颜色简单，但是它却不是一个简单的物种，它是被新南威尔士州保护的物种，大部分生活在保护区内，因此水族市场上没有，只能在少数几家大型水族馆内欣赏到它。

蓝带荷包鱼

遍布带黑边的蓝色水平线

蓝带荷包鱼性情温和，体色鲜艳亮丽，是一种水族馆以及水族箱中常见的观赏鱼品种。

蓝带荷包鱼俗称金蝴蝶，主要分布于西太平洋海域，是神仙鱼中比较耐寒的品种。其体长一般为18厘米，体色为棕色到棕黄色，两侧有许多黑边的蓝色水平线，这些线由头部开始扭曲着一直延伸到身体末端或者尾部，其尾鳍完全呈黄色，背鳍和腹鳍为黄褐色。雌鱼和雄鱼的体色区别不大，但是雄鱼的体色以及线条更微妙、艳丽，甚至有荧光闪烁。

蓝带荷包鱼在我国的贸易数量较少，日本的引入量很大，日本的水族爱好者十分喜爱这种鱼。人工饲养时，需要保证

饲养蓝带荷包鱼的水族箱应在200升以上，水质要求比较高，如果水质恶劣，蓝带荷包鱼会变得无精打采，失去颜色并停止进食。鱼缸内要求水流够强，最好有隐蔽的活石和藻类。

❖ 蓝带荷包鱼

❖ 蓝带荷包鱼幼鱼

蓝带荷包鱼幼鱼与成鱼的体色变化比较明显，其中最明显的地方是幼鱼鳃后有一道艳黄色纵纹，背鳍、尾鳍以及腹鳍末端颜色均为艳黄色，成年后，颜色逐渐改变。

蓝带荷包鱼性情温和，常活动于近海沿岸礁区以及珊瑚礁区，栖息在5~15米深的水层中。蓝带荷包鱼的外表美观，是常见的观赏鱼品种，容易以潜水方式捕捉。它们一般单独活动，主要以海藻、海绵、珊瑚虫及被囊动物为食。

良好的水质和宽敞的活动空间，最好用礁岩水族箱饲养。如果饲养在纯鱼缸中，蓝带荷包鱼很容易褪色，并呈现非常紧张的姿态。

黄头荷包鱼又名橙蝶仙，有橙黄色的脸，身上带有蓝绿色的条纹，身体后面的体色逐渐变为深棕色，尾巴为亮黄色。它一直以来被认为是属于荷包鱼属的一个独立品种，后经科学家通过DNA检测，发现它是蓝带荷包鱼与黑荷包鱼的杂交品种。

❖ 黄头荷包鱼

黄尾仙

像水彩画一样雅致

黄尾仙的体形像蝴蝶鱼，嘴唇为蓝色，一道黑纵纹穿过眼睛，身体由头部的浅黄色过渡到尾部的黑色，尾巴又突然变成金黄色，像水彩画一样雅致。

黄尾仙

蝴蝶鱼

黄尾仙又名新加坡神仙、黄尾荷包鱼、中白荷包鱼，其最大体长为18厘米，身体主色调是由黄色和黑色渐变而成的。其性情温和，比较娇弱，要避免与大型鱼混养。在水族箱中饲养时，有一些黄尾仙个体能很快适应并融入水族箱的水族世界，但也有一些黄尾仙个体不容易饲养，它们进入新环境后会拒绝进食，要耐心地驯饵。此外，黄尾仙不适合在珊瑚缸饲养，因为它们除了吃人工饲料外，还会吃水藻和珊瑚虫。

❖ **黄尾仙形如蝴蝶鱼**

黄尾仙的体形与蝴蝶鱼很像，只是体色和纹路不同而已，在观赏鱼贸易中，黄尾仙常被误认为是蝴蝶鱼的一种（图中的蝴蝶鱼是美国蝴蝶鱼）。

饲养黄尾仙时建议用250升带活石的水族箱，可以喂食冰虾及各种动物性饵料。

黄吻荷包鱼与黄尾仙十分相似，嘴唇为蓝色，脸为黄色，有一道黑色纵纹穿过眼睛，体色也如同黄尾仙一样渐变过渡，唯一让人一眼就看出区别的是这两种鱼的尾巴色彩不一样，黄吻荷包鱼的尾巴是灰色的，黄尾仙的尾巴是黄色的。

❖ **黄吻荷包鱼与黄尾仙**

黄色

黄尾仙

灰色

黄吻荷包鱼

❖ 长尾巴的燕尾神仙

燕尾神仙

长 有 燕 子 尾 巴

燕尾神仙是一种小型神仙鱼，有一条如燕子般分叉的尾巴，尾部有长长的丝状尖鳍，看上去非常美观，仙气飘飘，因而得名。

神仙鱼偏爱高一些的水温，可以将水温保持在24~28℃，有条件的建议安装一个加热棒，保持水温恒定。神仙鱼还对水质要求较高，应3天左右换一次水，每次换水的量控制在总水量的1/3最好。

燕尾神仙又名燕尾神仙鱼，是月蝶鱼属鱼类的统称，它们绝大多数生活于西太平洋的外礁峭壁24~100米深的水域，喜欢活跃于45~97米深、有潮流经过的斜坡地带。

神仙鱼中最温和的品种

燕尾神仙最大的特点是有一条长长的丝状尾巴，以及身体上布满细密的纵纹或横纹，且雌雄之间能通过外观很直观地分辨。一般情况下，燕尾神仙是一夫多妻制，往往是一条雄鱼带领着几条雌鱼，组成小群在岩礁潮汐处觅食，如果雄鱼死亡或者离群，就会有一条最强壮的雌鱼在半个月左右变为雄鱼，继续领着这一群雌鱼生活。

燕尾神仙的品种很多，它们的性格都比较温和，彼此之间很少打斗，因而能和平地在水族箱中饲养，而且它们几乎不会伤害水族箱中的珊瑚和无脊椎动物，是神仙鱼中最温和的品种。

背鳍根部为黑色

黑鳍斑马燕

背鳍根部为淡黄色

日本燕

❖ 黑鳍斑马燕和日本燕

黑鳍斑马燕

　　黑鳍斑马燕又名红海虎皮王、纹尾月蝶鱼，属于燕尾神仙的一种，主要生活在太平洋和印度洋的红海以及非洲东海岸。

　　黑鳍斑马燕幼鱼的身体呈微黄色，尾巴丝状尖鳍有两条黑边，如同八字胡子一般。当它们成长到雌鱼时期时，身体变成灰色，沿尾鳍有黑色条纹。长成雄鱼后，丝状尖鳍更长，全身布满黑色纵纹，如同斑马身上的花纹。

　　黑鳍斑马燕从幼鱼到雌鱼再到雄鱼，每个阶段都与日本燕的外观很相似，两种鱼最明显的区别是在雄性时期，黑鳍斑马燕的背鳍根部是黑色的，而日本燕的背鳍根部则是淡黄色。

　　拥有斑马纹的燕尾神仙品种有很多，除了黑鳍斑马燕和日本燕之外，还有水族市场上比较稀少、很少被作为观赏鱼饲养的半带神仙、黑纹灰蓝神仙，以及因为分布广泛而被众多水族爱好者喜爱的半纹神仙。

　　在燕尾神仙家族中，除了那些身披斑马纹（纵纹）的品种之外，还有很多长着横纹的品种，如拉马克神仙、蓝宝神仙、斑点神仙等。

❖ 黑鳍斑马燕幼鱼
其尾部有明显的八字胡子一样的燕子尾巴，很有个性。

　　半纹神仙又被称为眼镜燕、面罩仙、虎皮神仙、半纹背颊刺鱼、半纹月蝶鱼，因其广泛分布在日本的岛屿，因此也被称为日本燕尾（与日本燕不同）。半纹神仙雌鱼时期色泽远远逊于雄鱼，雄鱼体色淡黄，上面布满了黑色斑马纹，同时身体各个部位隐藏着许多黄色小圆点，脸上有一块橘黄色斑纹一直延伸到身体中央，非常大气，比日本燕要漂亮很多。
❖ 半纹神仙

雄鱼

雌鱼

❖ 拉马克神仙（雄、雌）

拉马克神仙

    拉马克神仙是以法国博物学家拉马克的名字命名的，又被称为燕尾斑马仙、拉马燕、蓝宝王、拉马克刺蝶鱼等，它是燕尾神仙家族中最容易被饲养的品种，雌鱼和雄鱼的身体纹理差异不大，雌鱼的尾鳍上下各有一道黑色条纹，而随着成长，变成雄鱼后，头部会长出黄色斑点，此外，身体上的横纹也会变多，尾鳍两端的丝会变得很长，而且黑色条纹会消失。

    拉马克神仙属于大型神仙鱼，最大体长可达 25 厘米，有点胆小和可爱，它们不攻击珊瑚和软体动物，因此非常受欧洲水族爱好者喜爱，常被饲养在大型岩礁水族箱中。

蓝宝神仙

    蓝宝神仙又名渡边氏神仙、渡边颊刺鱼、渡边月蝶鱼等，其最大体长可达 18 厘米，在雌鱼和雄鱼两个不同阶段，身体纹理变化很大，雌性蓝宝神仙整体蓝色，背鳍、腹鳍和尾鳍上有蓝黑色边，头部有宽的黑色斑块，随着成长变成雄鱼后，头顶斑块会逐渐减小、减淡，身体会变得更蓝，此外，在背部以下会长出许多长短不一的蓝黑色横纹。

    蓝宝神仙看上去非常具有吸引力，因此被水族爱好者大量饲养在水族箱中。

❖ 蓝宝神仙（雄、雌）

斑点神仙

    斑点神仙又名竹内月蝶鱼，其最大体长可达 35 厘米，这种鱼雌雄之间体色差异很大，雌鱼时，身体上布满了黑色斑块，而变成雄鱼后斑块会

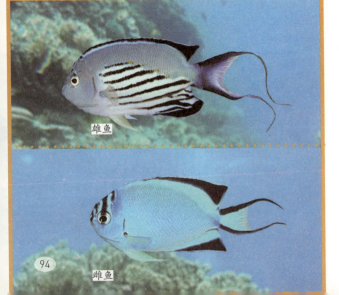

雄鱼

雌鱼

消失，变成一排排平行的深棕色条纹，仅尾部保留了雌鱼时期的黑色斑块。

斑点神仙因体型大，加之饲养难度大，所以一般仅在水族馆或水族发烧友的水族箱中可以见到它。

其他燕尾神仙家族成员

在燕尾神仙家族中，除了纵纹和横纹品种的神仙鱼之外，还有土耳其神仙、面具神仙等值得了解的品种。

土耳其神仙

土耳其神仙又名胜利女神、贝鲁士神仙、多色燕尾神仙、美丽月蝶鱼等，其最大体长为 18 厘米，雌鱼时体色为蓝色、黑色和白色条纹相间组合，在水中游动时，非常像飞翔的燕子，被誉为燕尾神仙家族中最像燕子的品种，也是雌性比雄性更有观赏价值的品种之一。随着成长，雄性土耳其神仙身上的黑色、白色和蓝色会逐渐消失，体色会变成以灰色为主，仅剩下一条如燕子尾巴般的尾巴能证明它是一条观赏鱼。

面具神仙

面具神仙又称为白神仙鱼、椭月蝶鱼等，其最大体长为 21 厘米，顾名思义，它全身洁白，雌鱼时仅头部和尾部有一些黑色点缀，长成雄鱼后，头部的黑色会消失，变成橘黄色，背鳍、腹鳍和胸鳍都会变成橘黄色，仅尾部保留了黑色，在身体银色的衬托之下，显得格外耀眼。

❖ 斑点神仙（雄、雌）

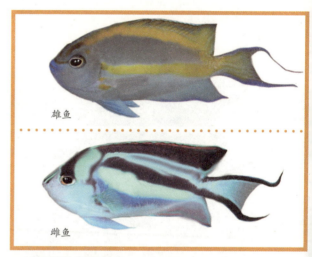

❖ 土耳其神仙（雄、雌）

❖ 面具神仙（雄、雌）

幼鱼

过渡期

成鱼

　　蓝仙又名蓝色神仙、百慕大刺蝶鱼等，在神仙鱼家族中属于大型品种，最大体长可达 45 厘米，它们常单独或成对栖息于加勒比海和西大西洋 2~92 米深的温暖水域的岩礁区和珊瑚礁区，幼鱼则生活在有遮蔽的珊瑚礁区。它们主要以海绵为食，同时也捕食海藻、珊瑚虫和海鞘等。

　　在蓝仙的成长过程中，幼鱼从复杂而艳丽的体色，逐渐变成黄色，搭配浅浅的蓝色，最后变成蓝色搭配浅浅黄色的成鱼。它们在成长和体色转变的每个时期都非常具有观赏价值，是所有珊瑚礁鱼类中最引人注目的品种之一。

女王神仙

　　女王神仙又名额斑刺蝶鱼等，是蓝仙的近亲，其体形、体色、习性和栖息地都与蓝仙相仿。它们的幼鱼很相似，仅成鱼略有区别，女王神仙的额头处有一块蓝

❖ 蓝仙

蓝仙

高　贵　、　蓝　色　的　神　仙　鱼

　　蓝仙和女王神仙非常相似，幼鱼和成鱼的体色都很漂亮，是神仙鱼中比较有名的观赏鱼品种。

色和黑色斑纹，如同冠冕，因此而得名。此外，女王神仙的整个尾巴是黄色的，蓝仙的尾巴则是末梢为黄色，从整体上看，女王神仙的颜色比蓝仙更加艳丽而醒目。

汤臣神仙

汤臣神仙是女王神仙和蓝仙的杂交品种，其体形、体色、习性和栖息地都与蓝仙和女王神仙相仿，汤臣神仙幼鱼身体上的纹路像蓝仙，背鳍和尾鳍有点像女王神仙，汤臣神仙成鱼的体色接近蓝仙，尾巴形状和颜色则接近女王神仙。

应避免将蓝仙与攻击性强或体型较大的鱼类混养，但可以与体型较小且性情温和的鱼混养，与其他品种的神仙鱼混养效果较好。可喂食红虫或人工颗粒饲料，每天喂2~3次，每次食量控制在5~10分钟吃完。

幼鱼

成鱼

❖ 女王神仙

女王神仙额头上有一块蓝色和黑色的斑纹，好像王冠一样醒目。

国王神仙

头 顶 王 冠 的 神 仙 鱼

国王神仙的体色是多彩的蓝色中含着淡淡的黄色，额头上有如同女王神仙一样的"王冠"，是一种比较有名的观赏鱼。

国王神仙性情凶猛，不要把两条饲养在一起，因为不论是同性还是异性都会相互攻击。国王神仙幼鱼可以养在礁岩水族箱中，但成年后它们会啃食珊瑚和藻类。

国王神仙又名一栋仙、雀点刺蝶鱼等，最大体长为 25 厘米，其幼鱼和成鱼都很漂亮，而且随着成长，体色改变的整个过程都非常好看。

国王神仙幼鱼的身体呈褐色，有蓝色纵纹，在靠近头部的地方有一道亮白色的条纹，它的各个鳍都呈褐色，边缘有亮蓝色，成鱼后颜色变成深蓝色或绿色，身体上有一道亮白色纵纹，非常醒目。腹鳍等处有一些橘黄色，两只眼睛之间跨越前额的地方有一条天蓝色的窄带。在额头上面有一个黑色斑块，斑块中有许多蓝色亮点，如同蓝宝石王冠一般，国王神仙也因此得名。它们可以放养在无脊椎水族箱中，最好是水量较大的水族箱，喂蔬菜叶子、鱼、虾肉或人工专用饲料即可，不过，不要让它们吃太多动物性饵料，否则它们会因过度肥胖而引发一些疾病。

皇帝神仙

皇帝神仙又名毛巾、金毛巾、双棘甲尻鱼，属于甲尻鱼属，与国王神仙并非同一属，但是都有一个同样霸气的名字，至于谁比谁的颜色更胜一筹，在水族界未有定论。

❖ 国王神仙

幼鱼

成鱼

皇帝神仙的黄色身体上有众多带有蓝色边的白色纵纹，其幼鱼和成鱼的体色和纹理没有太大区别，除了幼鱼时期背鳍上的"伪眼"成鱼后变成了一片蓝色之外，最大的区别是成鱼色泽变得更加深，幼鱼的颜色则比较鲜嫩。

❖ **皇帝神仙幼鱼**
皇帝神仙幼鱼的背鳍部分有一个明显的圆形"伪眼"，成鱼后就变成一个大色块。

皇帝神仙与其他神仙鱼在自然环境中的生活地差不多，但是不同产地的皇帝神仙个体上有一些差异，如品质最好、最常见的皇帝神仙的出产地是红海海域；其他海域，如太平洋和印度洋出产的皇帝神仙品质略逊，它们的腹部是蓝灰色的，没有红海出产的皇帝神仙的黄色腹部那么明亮醒目。

红海皇帝神仙

皇帝神仙具有一定的攻击性，会啃食珊瑚、无固定根的无脊椎动物及贝类，人工饲养时，最好提供活石供其啃食和躲藏，大的岩石及深的洞穴可以让它们感到安全。

印度洋皇帝神仙

❖ **红海皇帝神仙与印度洋皇帝神仙**
皇帝神仙在水族箱中饲养时会比其他神仙鱼更加挑食，而且因个体不同，对食物的偏好也不同。

❖ 皇后神仙（幼鱼）

皇后神仙

体色多变且绚丽多彩

皇后神仙的体色金碧辉煌，从幼鱼到成鱼的成长过程中体色多变且绚丽多彩，是著名的热带观赏鱼之一。

皇后神仙每年仅繁殖一次，鱼卵在孵化前会在水中漂浮好几周，然后孵化成幼鱼。

皇后神仙幼鱼生活在岩架之下、峡道与外礁平台的半遮蔽区域的洞中，以及潟湖的洞穴里。

皇后神仙次成鱼会移居至珊瑚礁前端的洞穴或汹涌的峡道区域。

皇后神仙又叫皇后仙，主要分布于印度洋—太平洋海域，自东非到太平洋中东部皆有其踪迹。

从小就绚丽多彩

皇后神仙因体色绚丽，在我国香港地区的水族圈被称为皇帝神仙，它虽然也叫皇帝，却和甲尻鱼属的皇帝神仙并非同一品种。

皇后神仙幼鱼的体色为蓝黑色，上面覆盖着蓝白相间、如同祥云一般的圆圈状花纹，因此，幼鱼期的皇后神仙又被称为蓝圈神仙、圈帝，除此之外，皇后神仙幼鱼的鱼鳍上还有很多蓝色不规则花纹，看上去非常美观。

皇后神仙幼鱼的体色会随着长大而逐渐变成成鱼的模样，身体上的圆圈状祥云图案会逐渐消失，变成黄色条纹，尾鳍则变成黄色，幼鱼长大至8~12厘米长时便变成了成鱼的模

样，随着继续长大，颜色会变得更加艳丽，其最大体长可达40厘米。

领地意识超强

皇后神仙成鱼栖息于水深1~100米的珊瑚丛生的岩架、峡道以及面海的礁石水域。它们有非常强的领地意识，一般会单独或者一条雄鱼带领多条雌鱼，在自己的领地中觅食或巡视，一旦有入侵者，它们便会群起而攻之，即便是遇到比它们体型还要大的鱼类，如太阳鱼等，它们也不会畏惧。遇到入侵者时，一般情况下，雄性皇后神仙会先发出"咯咯"的声音恐吓敌人，然后向敌人发起攻击，一般几波攻击后，大部分入侵者都会知趣地离开。假如入侵者是鲨鱼之类的凶悍猎食者，雄性皇后神仙则会假装攻击几次，然后带着雌鱼暂时躲避在不远处观察，等鲨鱼等凶悍的入侵者离开后，它们便会迅速回到自己的领地继续巡视。

饲养要点

皇后神仙非常活跃，胆量也很大，通常健康的个体会在水族箱中游来游去，不停地寻找食物。它们的排泄量非常大，水族箱要配备高效的生物过滤系统。不要把成年的皇后神仙饲养在礁岩水族箱中，因为它们非常喜欢吃脑珊瑚、手指珊瑚和五爪贝，饿的时候还吃其他的珊瑚，甚至会吞下小鱼。它们特别喜欢咬软骨鱼的皮肤，不适合和鲨鱼与虹一起饲养。

在人工饲养条件下，皇后神仙亚成鱼的变身会变得迟缓，而且由于食物和生活空间的关系，往往变身不是很充分，影响它们的美丽，最好让它们从小就生活在1000升以上的水族箱中，帮助它们成功完成变身过程。

❖ 皇后神仙（成鱼）

皇后神仙和皇帝神仙、王后神仙不同，其头部没有"王冠"状的斑纹。

皇后神仙和其他刺盖鱼属的鱼一样，食性很杂，在自然环境中，主食各种海绵和被囊类动物，也会捕食藻类和小型动物、柳珊瑚以及各种浮游生物，它们最爱捕食的是贝类、无脊椎类生物。因此，它们不适合饲养在珊瑚缸中，也不适合与贝类、无脊椎类生物一起混养。只要注意以上这些，那么皇后神仙饲养起来就很容易，而且它们很容易接受各种鱼食投喂。

❖ 变身期的皇后神仙幼鱼

蓝环神仙

蓝环神仙的幼鱼和成鱼的体色差别非常大，幼鱼时为蓝黑色，成鱼后变成黄褐色，在这个过程中，无论是体色的转变，还是体侧线条的变化，都能让每个水族爱好者喜爱。

❖ 蓝环神仙（幼鱼）

蓝环神仙幼鱼的额头后面没有蓝色圆环形色块。其性格孤僻，不喜欢集群生活。

❖ 蓝环神仙（成鱼）

蓝环神仙又名白尾蓝环神仙、肩环刺盖鱼等，主要分布于印度洋及太平洋西部的南、北回归线之间，我国产于西沙群岛和台湾海峡。

蓝环神仙幼鱼和成鱼的体色差异大，幼鱼时体色与皇后神仙一样以蓝黑色为主色，体侧有白色曲线和蓝色曲线交替分布，尾部白色；随着逐渐长大，体色也不断变化。成鱼最大体长可达 50 厘米，体色为金黄色或褐黄色，上面有一些蓝色线条穿过身体，尾鳍是白色的，边缘有黄色。额头后方有一个蓝色圆环，非常醒目，这是它的标志性色块，也是它名字的由来。

蓝环神仙刚孵化时，形如柳叶状的幼虫会和浮游生物一同进行漂浮生活，一个月后才能被称为幼鱼。

蓝环神仙在幼鱼时就非常独立，通常单独在非常浅的水域栖息或觅食海藻；成鱼通常会成对栖息在水深 60 米之内的珊瑚礁和靠海岸的海域，夜间藏于海底岩洞，白天觅食。

饲养方法

蓝环神仙幼鱼的体型虽然不大，但是它们是珊瑚水族箱的杀手，会吃纽扣珊瑚等，即便是它们不喜欢吃的珊瑚品种，也会被用来磨牙，因此，饲养蓝环神仙幼鱼不能选用珊瑚水族箱，最好使用裸缸或岩石造景的水族箱。

蓝环神仙成鱼天生性情比较暴躁，加上体型较大，是神仙鱼中最大的品种之一，所以在水族箱中不宜和其他神仙鱼混养，因为它们会挑战任何一条同一个水族箱中的神仙鱼。除此之外，蓝环神仙的性格还比较"倔"，有时新进入水族箱时，会拒绝接受人工饲料，甚至会连续一两个月不进食，不过所幸这类鱼都很皮实，它们比其他神仙鱼扛饿。

蓝环神仙应在 350 升以上的水族箱中饲养，它是杂食性鱼类，可喂食海藻、动物性饵料、植物性饵料和海绵。刚入缸时，可以使用活虾或新鲜、切碎的海鲜诱使其开口。

❖ 变身期的蓝环神仙幼鱼

蓝纹神仙从刚孵化到长到3厘米左右时，身体上仅有3道白色条纹，长至3厘米以上时，身体上的纹路才会丰富起来，随着体长的增加，会逐渐出现交替的白色和蓝色半圆形带。

饲养北斗神仙时建议用500升以上的水族箱，不能用珊瑚缸，可喂食水生植物、混合鱼粮、冷冻食品（浮游）等。

北斗神仙又名大蓝纹、蓝纹神仙（幼鱼名）、北斗神仙（成鱼名）、金蝴蝶、半环刺盖鱼等，主要分布于红海及印度洋、太平洋的珊瑚礁海域。

北斗神仙的幼鱼叫作蓝纹神仙，其体色以黑色为主，辅以蓝色，除尾巴以外（蓝纹神仙的尾巴为蓝黑色带有白色条纹，蓝环神仙的尾巴是白色的），花形几乎和蓝纹神仙一模一样，但是仔细分辨可以发现，蓝纹神仙的圈形条纹更加细长，也不那么完整，体色更黑一点，蓝环神仙幼鱼的体色则偏蓝。

随着蓝纹神仙逐渐长大，身体上的纹路被逐渐撕裂，尾巴附近的蓝色条纹逐渐撕裂成很多类似阿拉伯字母一般的图案。

随着继续长大，体色开始逐渐变黄，然后又逐渐加深成淡绿色并透着金色，当体长达到12厘米左右时，基本已经长成，其身体上会出现很多蓝色和黑色斑点，如同天上的星星，因此被称为北斗神仙。此外，北斗神仙的鳃部、眼睛上方，以及整个身体轮廓都呈亮蓝色，背鳍和臀鳍末梢有金黄色点缀，体色非常大气。

北斗神仙

一 生 拥 有 3 个 名 字 的 神 仙 鱼

很多鱼类都有别名和俗名，但是像北斗神仙一样，在幼鱼、半成鱼和成鱼三个成长阶段因体色以及纹理而拥有特定的名字，即一生拥有3个名字的神仙鱼，在海洋世界中并不多见。

❖ 蓝纹神仙与蓝环神仙幼鱼

蓝纹神仙体色偏黑　蓝环神仙幼鱼体色偏蓝

尾鳍颜色不同

北斗神仙的最大体长可达45厘米，它们喜欢生活在水深1~20米的珊瑚繁生水域。其习性与在水族箱中的表现和蓝环神仙一样。

北斗神仙的领地意识非常强，它们对鱼缸里的水质很敏感，生存环境稍有不如意就很容易发生传染病或出现寄生虫。

❖ 北斗神仙半成鱼
北斗神仙半成鱼身体的后半部分会出现很多如同经书一样密密麻麻的文字状斑纹。

❖ 北斗神仙

蓝面神仙主要分布在中西太平洋海域，幼鱼时和蓝纹神仙很像，整体色调为黑色辅以蓝色，体侧覆盖着垂直的白色和蓝色条纹。成鱼则体色呈淡黄色，带蓝色鳞片，胸鳍、尾鳍呈亮黄色，臀鳍上布有蓝色亮点，有一个黄色块连接双眼，脸上被斑驳的、带有小黄点的蓝色覆盖，如同面具一般，因此而得名。

❖ 蓝面神仙（幼鱼、成鱼）

成鱼

幼鱼

海鳗和海鳝

海鳗和海鳝的身形相似，似蛇非蛇，看上去能让人惊起一身鸡皮疙瘩，它们中有些品种非常可爱，是观赏鱼市场上的抢手货。

❖ **海鳗**

"鳗"的性别会受环境和数量的影响，当数量多、食物不足时就会变成雄鱼，反之变成雌鱼。比如，我国台湾地区的河流中由于鳗鱼数量很少，食物充足，所以雌鱼的数量就远大于雄鱼。

❖ **看上去十分凶恶的鳗鲡目鱼类**

海鳝和海鳗是同属于鳗鲡目的鱼类，全世界共有 13 属 200 多个品种，因为鳗鲡目的鱼类大多有细长的身子，品种之间很容易混淆，因此很多品种既被称为"鳝"，也被称为"鳗"。

鳗鲡目的鱼类大多样子像蛇，口大、牙坚利，看上去十分凶恶，是凶猛的捕食者，它们的存在是其他各种鱼类的噩梦，但是，有些品种看上去却又非常可爱，如各种花园鳗，它们将自己"种"在海底，随着水波荡漾；也有些品种不善捕食鱼类，如蛇鳝属的部分品种，它们性情温和，一般靠觅食行动缓慢的甲壳类动物生存；还有些品种看上去不仅不吓人，反而非常吸引人，如彩带鳗，它们游动起来时如同飞舞的彩带，完全能让人忘记它们凶残的本性；除此之外，还有些品种非常亲近人，如豹纹海鳝，一旦饲养在水族箱中，就会像狗一样喜欢有人"撸"它。

鳗鲡目中的一些可爱、温顺和色彩斑斓的品种往往会被饲养在水族箱中，在人造岩石缝隙或沙底过着隐居生活。

❖ 在海底游动的彩带鳗（雄性）

彩带鳗

像 飞 舞 的 彩 带

彩带鳗是一种非常奇特的鱼，拥有迷人的外表、曼妙的舞姿，是水族箱中不可多得的观赏鱼，除了漂亮之外，它们还能在成长过程中多次改变颜色和性别，让人为之惊叹。

彩带鳗是一种热带鳗鱼，也称五彩鳗、七彩鳗、大口管鼻鳝、蓝体管鼻鳝，主要分布于太平洋西部海域，常栖息于珊瑚礁的小沙沟崖壁。

❖ 彩带鳗幼体（黑色）

多次改变颜色和性别

彩带鳗在幼小时为黑色，当它长到 50~100 厘米长时就变成雄鱼，身体也会变成黑蓝色或蓝色；当长到 100~133 厘米长时，又由蓝色变为蓝黄色的雌鱼；直到长成 130 厘米长的成鱼后变成金黄色。在整个成长过程中，彩带鳗会经历 4 次颜色变化和 3 次性别变化，直到长为金黄色的雌鱼。

107

彩带鳗的颜色多为黄色和蓝色，是一种形似蛇的生物，身体长而薄，背鳍高，常常雌雄同穴，将身体藏在泥沙和岩穴中，捕食时仅会从巢穴中伸出半个身体，啄食浮游生物、小鱼及甲壳类等。

饲养彩带鳗的注意事项

尽管彩带鳗看起来很漂亮，但它们的脾气有点暴躁，即便是饲养在水族箱中，也不要过分逗弄它们，尤其不要用手直接与它们接触，否则有可能会遭到它们的攻击。除此之外，彩带鳗还是凶猛的捕食鱼类，它们会在水族箱中捕食其他小鱼，所以它们无法和体长小于 10 厘米的鱼饲养在一起，也不要与蝴蝶鱼、神仙鱼和倒吊鱼等混养，因为这些鱼喜欢啄咬，彩带鳗裸露在外的皮肤会被它们啄咬伤。当然，人们只要耐心地饲养，就能养出一条颜色鲜艳、好动，游动时像艺术体操运动员手中挥动的彩带那样曼妙的彩带鳗。

❖ 彩带鳗雌鱼（黄色）

彩带鳗的嗅觉非常发达，它们进化出两个管状的外鼻孔，用来捕捉水中的血腥味。

彩带鳗的两个管状外鼻孔是它们健康的标志，没有外鼻孔的个体可能受到了伤害或有疾病。

❖ 彩带鳗雄鱼（多彩）

饲养彩带鳗时必须为它们提供躲藏的洞穴，没有隐蔽处的水族箱会造成它们因紧迫而绝食。可在水族箱中准备一段直径为 2~3 厘米的水管。

彩带鳗幼鱼很少能在人工环境下出现成体那样的美丽颜色，如果喜欢蓝色和金黄色的彩带鳗，可直接购买成鱼。

在饵料营养不充分的时候，雄性彩带鳗身上绚丽的蓝色会逐渐褪去，每周要多喂一些蛤肉和虾肉才能维持这种颜色。

有些彩带鳗刚入住水族箱时，不会轻易摄饵，需要用活小鱼和小虾慢慢逗、诱，让它们有争食的欲望，不过也无须担心，因为对彩带鳗的驯饵一般都会成功。

花园鳗

海　底　的　舞　者

花园鳗的身体颜色美丽，呈长条形，喜欢将身体埋在海底沙土中，只露出上半身，随着水流荡漾，好像从花园里生长出来的植物一样随风摇摆，因此而得名。当成群的花园鳗在同一个海域翩翩起舞时，场面颇为壮观，令人震撼。

花园鳗主要分布于热带至亚热带的大洋，栖息在珊瑚礁沙质海底。

靠尾巴挖洞

花园鳗的身体呈管状，成年体长约为40厘米，体形细长，常年插在约10米深的海底洞穴中，只露出上半身随海流晃动，借晃动捕食浮游生物。

花园鳗藏身的海底洞穴不是靠它们的嘴巴，而是靠尾巴挖出来的。它们选择好栖息地后，便会将尾巴插入沙子，然后不断地扭动、抖动，缓慢下"挖"，使沙子上出现一个适合身体大小的孔，同时，花园鳗还会分泌黏液，加固孔洞壁的沙子。洞穴挖好后，花园鳗便会将身体插入洞穴，然后留身体的1/3及头部在外面，像从水底长出的植物一样。

天生胆小

花园鳗往往喜欢成群在一个水域筑巢，而且巢穴一个挨着一个，离得非常近，成群的花园鳗在海底随着水流翩翩起舞，场面非常壮观。花园鳗的胆子非常小，而且戒心非常高，只要稍有风吹草动，它们便会迅速缩进洞穴，直到危险解除后才会小心地探出脑袋，左顾右盼，确定安全后，伸出身体继续随着水流起舞。

❖ 翩翩起舞的花园鳗

潜水员要想观看花园鳗翩翩起舞的场景，只能悄悄地潜到附近，远远观看或远距离拍摄，否则一定会惊吓到它们。

❖ 悄悄探出脑袋的花园鳗

❖ 两只吵架的花园鳗

建议用 500 升以上的水族箱饲养花园鳗，可以多放几条，并提供足够厚的底砂。不要与凶猛的鱼混养，要加盖防止其逃跑。可以饲喂丰年虾和薄片等动物性饵料。

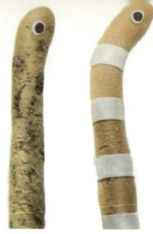

❖ 花园鳗面包

花园鳗以其可爱的形象而受到人们的喜爱，尤其是日本人对花园鳗更加喜爱，大街小巷中充斥着各种与花园鳗有关的玩偶、工艺品，甚至有花园鳗形象的面包。

❖ 哈氏异康吉鳗

有一种花园鳗叫作哈氏异康吉鳗，它们的头部纹理和颜色黑白相间，遍布大小斑点，时尚感十足，与日本犬种"狆"很像，因而又得名"狆穴子"。

❖ 横带园鳗

横带园鳗是花园鳗中颜值最高、名气最大的一种，又被称为"锦穴子"，其最大的特征就是身上有一圈圈橙白相间的条纹，使它们看起来好像圣诞节的"Candy Cane"（拐杖糖）一样。

搞笑的吵架方式

有传言，花园鳗可能会因为突然受到惊吓或强烈的闪光而紧张地死去，如此胆小的它们却有非常强的领地意识，它们几乎每天都会因离邻居太近而互相吵架，它们不仅吵架，甚至还会"拉帮结派"，但很少见到花园鳗真正打架，它们吵架只是为了通过警告、威慑、抗议等相对理性的方式来解决领土争端，整个吵架过程显得格外搞笑。

当你看到两条花园鳗缠绕在一起时，别以为看到了难得一见的花园鳗之间的战争，因为那不是打架，而是在交配、繁衍后代呢！

海马是海龙科数种小型暖水海洋鱼类的统称，体长为 5~30 厘米，有些特殊的品种的体长仅有 20 毫米，因头部弯曲与体近直角，呈马头状而得名，它们主要分布在大西洋和太平洋等海域，大多生活在浅海多海藻的地区，全世界有近 50 种，我国已知有 7 种。

古人对海马的认识

我国很早就有关于海马的记载，古时候称其为水马，晋代葛洪编著的道教典籍《抱朴子》中记载："水马合赤斑蜘蛛，同冯夷水考矣。"其中的水马即指海马。

❖ 蒙地贝罗海马

蒙地贝罗海马的体长一般为 10 厘米，主要产地为印度洋东部，其形态特征明显，全身有黑白相间的花纹，与非洲草原的斑马非常相似，很容易与其他种类的海马区分。

海马

酷 似 骏 马 的 海 洋 鱼 类

海马大多生性懒惰，游动缓慢，常常用尾部勾住珊瑚，身体直立水中，姿势十分优美，尤其是体型较小的品种更可爱。

海马身子弯曲，大腹便便，没有尾鳍，大多数品种游动速度慢。它们通常像海草一样，以卷曲的尾巴系在海草、珊瑚和枯枝上。它们有一对凸起且可以独立活动的眼睛，能轻松地发现猎物，并且能很有效率地捕捉到行动迅速、善于躲藏的桡足类生物。

魏晋南北朝时期的《南方异物志》中描述："海中有鱼，状如马头，其喙垂下，或黄或黑。海人捕得，不以啖食，曝干即此也。"我国古代众多古籍曾详细地描述过海马的外观、捕捞方式和药用价值等，但是对海马的观赏价值少有提及。在古人的认知中，海马的颜色很单一，如宋朝太医院编的《圣济总录》中记载："海马，雌者黄色，雄者青色。"随着潜水员、生物学家、海底探索者等不断地探索，发现海马不仅有黄色的、青色的、黑色的，还有长满斑点的膨腹海马、满身斑马纹的蒙地贝罗海马、红得艳丽的花海马等，更有可爱的豆丁海马。

❖ 膨腹海马

膨腹海马又名大腹海马、大肚海马，它的体长可达35厘米，是所有已知海马中最大的一种，体灰白色，在头部与躯干上有深色的斑点与污点，最鲜明的特点是肚子肥大。

膨腹海马主要分布于西南太平洋、澳大利亚及新西兰海域，与大多数海龙科鱼类不同，它擅长游泳，为了觅食一天可以游几百米。它们大多时间栖息在较深的海底，据记录最深可达109米，偶尔也会在浅海的海藻、海草和岩礁海区活动。

> 应选择高度超过45厘米的水族箱，100升水中不超过4只海马为宜；海马对水质要求很高，容易受细菌感染，需配备紫外线杀菌灯。水族箱中最好有活石或葡萄藻等，如果没有悬挂物，海马会因感到紧迫而紧张。

❖ 花海马

花海马产于日本附近海域，如今已被世界自然保护联盟列为濒危物种，因此无法在水族市场上见到它们，但是在一些大型的海洋馆和水族馆中依旧可以看到它们的踪迹。花海马的体长为5~6厘米，雌性略大，成体颜色红得艳丽，也有品种的体色为暗褐色，它们的幼体颜色单一并呈黄色。花海马的管状嘴吸力很大，能轻松吸住1厘米长的河虾，并将它们撕碎。

豆丁海马

豆丁海马的体长大约为1厘米，它是海马家族中的矮个子，被潜水员们称为"侏儒海马"，主要分布在北纬20°到南纬20°之间。

豆丁海马的种类很多，它们主要攀附在柳珊瑚上，体色会随着寄宿的柳珊瑚的颜色不同而拟态成不同颜色，如红色、灰色、黄色、白色等，如今，最常见的豆丁海马有瘤豆丁、平豆丁和棘豆丁。

豆丁海马能随时改变体色，隐藏在攀附的柳珊瑚枝杈中，因此很难被发现，即便被天敌发现，它们也能第一时间逃入珊瑚的枝杈中，消失得无影无踪。

豆丁海马的体型实在太小，在茫茫大海中很难遇到另一半，所以为了更好地繁衍后代，豆丁海马一般从很小就开始成对或成群地栖息在一株柳珊瑚上。

豆丁海马的繁殖方式和其他海龙科的鱼类一样，由雄性海马孵卵。不过，豆丁海马全年都有繁殖现象，一般一对海马只能孵化出三四只幼体，它们的外观就是缩小版的成体海马，幼体海马不会获得父母的特殊照顾，它们从小就要靠自己捕食。

> 海马行动缓慢，进食也比较慢，因此不要和鱼类混养。

❖ 豆丁海马

❖ 攀附在柳珊瑚上的豆丁海马

全世界第一只豆丁海马是在1996年被发现的，它们攀附在柳珊瑚上，发现者是大洋洲水族馆研究人员乔治·巴吉班特，因此以他的姓氏命名为"巴氏豆丁海马"。

豆丁海马和其他海龙科的鱼类一样，捕食对象也以桡足类动物为主，这种动物的逃跑速度很快，所以极难捕捉。

别看豆丁海马长得迷你可爱，它们可是凶狠的捕食者，一旦发现目标，它们就会悄悄地、好像海扇珊瑚的断肢一样，随水流漂近猎物，然后突然发起攻击，一击制胜。除了主动攻击外，豆丁海马还会利用柳珊瑚的枝杈组成如蜘蛛网一样的陷阱，然后咬破柳珊瑚的一点枝杈，枝杈的伤口会流出一些汁液，这便是豆丁海马的诱饵，做好这一切准备工作后，豆丁海马便会潜伏在柳珊瑚中，坐等猎物入网。

在生存压力极大的大海中，萌萌的豆丁海马不得不利用柳珊瑚做掩护，在危机四伏的大海中谋求生存和繁衍生息之道。

❖ 攀附在柳珊瑚上的一对豆丁海马

单株柳珊瑚上发现豆丁海马数量的最高纪录为 28 只。

❖ 捕食中的豆丁海马

海龙

比 海 马 外 观 更 加 飘 逸

海龙因头细长、常具有突出的管状吻并形如传说中的龙而得名。

海龙也称为杨枝鱼、管口鱼，是海龙科中的一属，约有200个品种，我国约有25个品种。

清代草药专著《百草镜》中记载："海龙乃海马中绝大者，长四、五寸至尺许不等，皆长身，而尾直不作圈，入药功力尤倍……"清代医学家赵学敏在《纲目拾遗》中记载："海龙，产澎湖澳，冬日双跃海滩，渔人获之，号为珍物。"我国古籍中对海龙的描述并不十分准确，海龙属的鱼类身体较长，尾部细长，臀鳍很小，常与背鳍相对，有胸鳍，无腹鳍，有些有尾鳍，有些如海马一般无尾鳍。

整体来说，海龙要比海马的外观更加飘逸，观赏性更高，在自然环境中，很多品种的海龙都是非常活跃的清洁工，如形如鳗鲡鱼的蓝带海龙、多带海龙、黑环海龙等，还有形如利箭的强氏海龙等，它们会像"鱼医生"一样，成天忙碌着给天竺鲷或雀鲷等珊瑚礁鱼类清理身体上的寄生虫等。

除此之外，还有尾部如海马的尾巴一样卷曲的棘刀海龙、鳄鱼海龙等，以及本科最有名的品种草海龙和叶海龙，它们仅存于大型海洋馆和水族馆中，平时难得一见。

海龙由于外形看起来既像海藻叶，又像传说中的龙而得名。

海龙行动缓慢，不能和其他观赏鱼或无脊椎动物混养，否则容易被抢食；有时会被珊瑚蜇伤或被大型珊瑚吃掉。海龙只对活的食物感兴趣，喜欢吃海水小虾、小鱼，在饲养初期可训练其接受冷冻丰年虾，但不吃饲料。

蓝带海龙又名蓝带矛吻海龙、黑胶海龙、非洲蓝纹海龙、红海矛吻海龙等，体长为12厘米左右，广泛分布于印度洋，以及整个中太平洋到美洲西部沿海，一般生活在岩石、珊瑚和岩壁下的缝隙中，也存在于潟湖和向海的珊瑚礁中，给往来的天竺鲷和雀鲷等珊瑚礁鱼类清洁身体，偶尔在遇到危险时会隐藏在海胆刺中。蓝带海龙体形修长，如同鳗鲡目的鱼类，由一道蓝色横纹贯穿橙色身体，有圆形的大尾鳍，看起来像极了一根长长的孔雀羽毛，非常赏心悦目，经常用于水族贸易，在亚洲市场上常会作为药品或小件稀有物品出售。

❖ 蓝带海龙

多带海龙

黄多带海龙

黑环海龙

❖ **多带海龙、黄多带海龙、黑环海龙**

多带海龙又名多环斑节海龙、多环矛吻海龙、多带矛吻海龙等，主要生活在西太平洋的珊瑚礁海域，给往来的天竺鲷和雀鲷等珊瑚礁鱼类清洁身体。

多带海龙的体长为15厘米左右，金黄色的鱼体上分布着密集红褐色的纵向环纹，宽大而椭圆形的尾鳍中央有一块亮眼的白色斑纹，形如孔雀的羽毛，非常赏心悦目。多带海龙是海龙属中比较难养的品种之一，需用150升以上的纯海龙水族箱饲养，不能与带刺须的无脊椎动物混养，刚入缸时，要用活的盐水虾诱其开口，其后用活饵料喂养。由于其管状嘴很小，进食很慢，每天至少要喂3次。多带海龙与黑环海龙、黄多带海龙的配色方式相近，仅颜色略有不同。

黑环海龙的黄绿色鱼体上分布着黑色纵向环纹，尾部有一块红色斑块；黄多带海龙的褐色鱼体上分布着黄色纵向环纹，尾部为亮红色。它们的身体修长，如同鳗鲡目的鱼类，整个鱼体加上宽大而椭圆形的尾鳍，形如在海中漂荡的孔雀羽毛。

❖ **强氏海龙**

强氏海龙又名强氏矛吻海龙，体长为13厘米左右，鱼体细长，纤细无鳞，鱼头、鱼尾呈蓝紫色，鱼体中部为橙色，看上去像一支离弦之箭。它们通常在大片的珊瑚下方并有海绵的洞穴附近生活，它们是天竺鲷与雀鲷的清洁鱼，因此常会在天竺鲷与雀鲷出没的珊瑚礁附近设立专门的"清洁站"。

❖ **鳄鱼海龙**

鳄鱼海龙的体长不足30厘米，其尾部可以卷曲并缠绕在其他物体上，它是最常见的被作为中药的海龙品种之一。

棘刀海龙是刀海龙家族中的最大成员，体长接近40厘米，身体呈粉红色、橙黄色，并带有浅黄色斑纹，它和海马属的其他鱼类一样，有一条可以卷曲并固定身体的尾巴。

棘刀海龙体色鲜艳，是海龙属中最具代表性的品种，因而成为各类介绍海洋生物的杂志、书籍、海报上面最常见的模特之一。

❖ **棘刀海龙**

草海龙与叶海龙

草海龙和叶海龙主要分布于南澳大利亚南部及西部海域，通常生活在水深4~30米的礁沙混合的暖海区。澳大利亚有关部门已将它们列为保护动物，特别是外表细致华丽的叶海龙更是相当稀少珍贵。

草海龙和叶海龙的体长都为30~45厘米，雌性稍大，它们都是海洋生物中杰出的伪装大师，身体由骨质板组成，并向四周延伸出一株株海藻叶一样的瓣状附肢，体色会因个体差异以及栖息海域的深浅而从绿色到黄褐色各不相同，雄性的体色较雌性的更深。此外，叶海龙比草海龙的瓣状附肢更多，也更大，如果它们漂浮在水中不动，就像一株漂浮在水中的藻类。

草海龙和叶海龙都属于独居动物，常成单或成对一起行动，大部分时间都待在海藻中，它们只有在摆动小鳍或转动眼珠时才会暴露行踪。

岌岌可危的生存现状

草海龙和叶海龙虽然不像其他神秘的海洋动物那样难觅踪影，但能亲眼见到它们的人变得越来越少了。

由于环境污染和工业废物流入海洋，海龙的生存受到很大的威胁，加上海龙不善游泳，以及极高的观赏价

❖ 草海龙
草海龙又称为澳洲叶海马鱼。

❖ 叶海龙

❖ 草海龙

草海龙和叶海龙都以小型甲壳类、浮游生物、海藻、糠虾、海虱和其他细小的漂浮残骸为食。然而它们却没有牙齿，靠长得像吸管一样的嘴巴将食物吮吸进肚子。

叶海龙属于顶级世界珍稀奇异海洋生物。目前，我国除大连外，只有成都有两只叶海龙，而国内叶海龙的总数不超过 5 只。

叶海龙和草海龙从产卵、受精、孵化到存活的概率都很低，仅有 5%，因此，澳大利亚有关部门已将草海龙列为重点保护珍稀动物。

值，使这一类珍稀动物遭到大肆捕捉，特别是外表细致华丽的草海龙和叶海龙更是变得相当稀少，已濒临灭绝，在观赏鱼市场上根本见不到，只有潜水或者在一些大型水族馆中才能见到它们。

除了草海龙和叶海龙外，海龙科中也有部分品种会出现在观赏鱼市场和一些小型的水族馆中，可供对它们感兴趣的人们去购买或者参观。

草海龙和叶海龙都不善于游泳，每年都能够在南澳大利亚的海滩上发现被冲上岸的草海龙。

❖ 澳大利亚海岸线上的草海龙浮雕

剃刀鱼

惊 艳 的 海 底 拟 态 鱼

剃刀鱼的身上布满彩色的花纹，颜色鲜艳，它们有巧妙的变色本领，能随时改变体色，伪装成树叶、海草、珊瑚、羽毛等，完美地与周围环境融为一体。

剃刀鱼又名鬼龙鱼、花彩剃刀鱼、彩点刀鱼、刀口鱼，原产于太平洋西部、印度洋的热带海域。它和海马、海龙是亲戚，都是海龙目的鱼类，因此也被称为假海龙。

剃刀鱼与草海龙长得很像，只是体型小很多，只有 10 厘米长，其从嘴吻到躯干布满须状突起，吻很长，呈管状，口小而斜，背鳍、臀鳍、腹鳍和尾鳍多姿多彩，锯齿形的边缘形如树叶。

剃刀鱼的性情温和，经常成对出现，有时离群独居，偶尔也有小群聚集，通常生活在有藻类的珊瑚礁区，拟态成珊瑚、枯叶、水草或者漂浮物，伺机捕食小鱼、小虾、蚊子幼虫和水蚤等，因体型很小，而且体色会变色成环境接近色，所以很难被发现。

剃刀鱼哺育下一代的方式和草海龙很像，都是通过育婴囊哺育下一代。但不同的是，草海龙的育婴囊在雄草海龙的尾部，而剃刀鱼的育婴囊是由雌性的左右腹鳍结合形成，因此，哺育幼鱼的任务是由雌性剃刀鱼独立完成的。

剃刀鱼因体色多彩、行为古怪而作为海龙目鱼类中的观赏鱼品种，在水族市场上占有一席之地，不过，它们和海龙科的鱼类一样，饲养难度大。

剃刀鱼可以在 150 升或以上的水族箱中与其他海龙或海马混养，需要足够的躲藏地点，如洞穴或岩石缝。水流要弱，要有沙底，食物主要为小的活脊椎动物，如海虾等。

❖ 剃刀鱼

剃刀鱼的种类很多，最常见的剃刀鱼品种包括有白底、黄底、黑底和红底。

❖ 藏在珊瑚中的剃刀鱼

躄鱼

躄鱼的身体色彩艳丽，它们生活在热带珊瑚礁及海藻繁茂的海底，不太会游泳，但会使用胸鳍和腹鳍行走，也会随周围环境变化而改变体色，还会使用珊瑚、海葵或海草伪装自己。

躄鱼的大嘴可以吞食比自身大 1 倍的动物，但是由于躄鱼没有牙齿，如果猎物体积过大，它们也只能眼睁睁地看着到嘴的猎物逃跑。

躄鱼在自然环境中能吞食大量食物，但是在人工饲养时不适合吞食鱼类，否则很容易被撑死。

中国产 5 种躄鱼，即三齿躄鱼、毛躄鱼、钱斑躄鱼、驼背躄鱼、黑躄鱼。

❖ 躄鱼

躄鱼又叫跛脚鱼，在国外的海水观赏鱼圈中也被称为青蛙鱼，是鮟鱇目、躄鱼科鱼类的统称，为暖水性近岸底层小型鱼类，分布于印度洋、大西洋和太平洋的热带及亚热带海域，也见于红海，少见于地中海。

丑成一坨

躄鱼丑成一坨，以高明的伪装技术而出名。海洋中的躄鱼科鱼类超过 100 种，但能够分辨的只有 50 种左右。

躄鱼体型小，头大，体稍侧扁，腹部膨大，皮肤粗糙，大部分品种不能作为经济食用鱼类，仅少部分品种，如迷幻躄鱼、条纹躄鱼、玩具五脚虎、海草鱼等具有一定的观赏价值，其他大部分品种被捕捞后的命运多是被打碎后作肥料使用。

行走的躄鱼

躄鱼是一种不太"称职"的鱼，不太会游泳。首先，它们的体内没有鱼鳔，无法轻松地控制自己的浮力；其次，它们的胸鳍向下生长，很难在游泳时保持平衡。因此，躄鱼要想移动身体，就得靠一对胸鳍和一对腹鳍交替运动，尾鳍保持身体平衡，像四足动物那样在海底爬行。它们可以同时同方向移动胸鳍，将重量转移到腹鳍后向前挪动。无论使用哪种方式前进，每次都只能前行很短的距离。

伪装大师

海底擅长伪装的生物非常多，躄鱼却独树一帜，是一个伪装大师，它们拥有绚丽的外表，全身无鳞，通过改变外表的颜色来伪装。躄鱼的伪装不同于变色龙、乌贼和章鱼，躄鱼不能快速改变身体的颜色或纹理，它们需要花几个星期才能让自己融入周围的环境，甚至达到逼真的效果。因为它们不仅会改变自身的颜色，还会利用环境躲藏，它们会在改变颜色后再在身上覆盖一些遮挡物，如一团杂草、海绵或珊瑚，和周围的环境完全融为一体，使猎物或天敌都无法发现它们的存在。

❖ 行走的躄鱼

❖ 双斑躄鱼

双斑躄鱼的体长约为12厘米，分布于西太平洋，包括菲律宾、印度尼西亚、巴布亚新几内亚、所罗门群岛、帕劳和我国台湾等海域。

康氏躄鱼的体长为30~38厘米，鱼体似扁球状，表皮粗糙，具小棘。体色随环境变化而变化，口大并布满细齿。

❖ 康氏躄鱼

❖ **珊瑚手䲁鱼**

珊瑚手䲁鱼分布于印度洋—太平洋海域，从圣诞岛、帕劳、斐济至夏威夷、社会群岛海域，栖息深度 2~21 米，栖息在潮池、外海礁坡，有毒。

拟态成珊瑚的样子

拟态成骨化后的白色珊瑚骨架的样子

❖ **隐刺薄䲁鱼**

隐刺薄䲁鱼常拟态隐匿于珊瑚之中，有时甚至会拟态成骨化后的白色珊瑚骨架。

凶残的捕猎高手

䲁鱼虽然行动迟缓，但不妨碍它们成为凶猛的捕食者。"䲁"是扑倒的意思，而䲁鱼正是用"扑倒"的方式捕食。䲁鱼是以其他鱼类、甲壳动物为食的肉食性动物，因此，它们在国内观赏鱼市场中常被称为"五脚虎"，有的地方也把它们称为鱼类中的"食人族"。

䲁鱼伪装好后，会静候猎物从身边路过，或者晃动头部突出的伪鳍开始钓鱼，这就是它们的鱼饵，只要有足够的耐心，就能引诱来毫无防备的猎物，一旦猎物到达䲁鱼的捕捉范围内，它们就会像青蛙一样迅速跃起，将猎物扑倒，然后第一时间张开能扩大 12 倍的口腔，仅需 6 毫秒，就能用巨大的嘴将猎物和海水一并吸入，猎物被吞下之后，水从鳃中流出，这个猎食过程速度非常快，以至于猎物都感受不到这一切的发生。

7 倍体长的距离都是䲁鱼的扑倒范围，因此䲁鱼更喜欢躺在海底静静地等待猎物上门。

䲁鱼对水质要求较高，人工饲养时，应保持水质清洁和稳定；应提供足够的藏身地点和伪装物，以满足䲁鱼的伪装需求；可以喂食活体食物或冻干饲料。

❖ **长竿手䲁鱼**

长竿手䲁鱼的体身长约为 5 厘米，分布于西北太平洋日本高知县柏岛海域，栖息深度可达 45 米，栖息在岩架底层水域。

迷幻躄鱼

外 星 人 之 脸

迷幻躄鱼和其他种类的躄鱼一样，不太会游泳，靠胸鳍和腹鳍在海底行走，因全身遍布迷幻般的粉色、桃红色或黄褐色和白色的放射条纹而得名，它因独特的外观被科学家们称为"外星人之脸"。

迷幻躄鱼又名拟态薄躄鱼，属于躄鱼科、薄躄鱼属家族中的一员，主要生活在印度尼西亚的安汶岛和巴厘岛附近的水域，隐藏在海底五颜六色、有毒的珊瑚丛中。

大多数种类躄鱼的皮肤呈胶状，显得肥胖、肉质厚而松软，丑成一坨，而迷幻躄鱼全身呈黄褐色或桃红色，因全身遍布迷幻般的粉色和白色条纹而得名。

迷幻躄鱼的伪装变色能力相较于其他种类的躄鱼略逊一筹，不过它们身披迷幻的色彩，更容易混在珊瑚和海葵环境中，即便是猎物或天敌都很难一眼就发现它们的存在。迷幻躄鱼的奇特之处在于它们不仅善于隐藏，还可以通过喷射水流作为推动力来逃避危险，它们的身体具有可塑性，可以将面部像喇叭一样扩张后再收回，身体可以像皮球一样从海底弹起。

迷幻躄鱼喜欢成双成对地活动，它们经常会隐藏得非常好，只有当潜水员在海底碎石中仔细地观察才会发现它们的踪迹。一旦被发现，迷幻躄鱼就会立即试着脱离潜水员的视线范围，进入海底岩石裂缝中，或扭曲自己的身体钻进某个小洞中。

❖ 迷幻躄鱼

迷幻躄鱼于 2009 年在印度尼西亚安汶岛的近海被发现。它是一种黄褐色或桃红色的躄鱼，面部的外轮廓可能有一种感官结构，如同猫的胡须一样具有灵敏的感知能力，能够感知一些海底洞穴内部石壁的状况，便于在珊瑚礁之间狭小的空间进行探索。

迷幻躄鱼虽然行动缓慢，但是一旦遇到危险，它们可以通过喷射水流作为推动力来躲避。

❖ 迷幻躄鱼（外星人之脸）

迷幻躄鱼下颚长着 2~4 排不对称的小牙齿，可用于咀嚼更小的鱼类、虾及其他海洋生物。

红唇蝙蝠鱼

妖 艳 辣 眼 的 长 相

在电影《九品芝麻官之白面包青天》中有一个人物——如花，她是一个抠着鼻子的女人，涂抹着艳丽口红的嘴唇周围长着一圈茂密的胡须……在海底也有一种生物——红唇蝙蝠鱼，它不仅有醒目的红唇，还有让人无法忍受的白色胡子。

红唇蝙蝠鱼属于鮟鱇目、蝙蝠鱼属，与躄鱼是近亲，在水族圈中常被视为躄鱼的一种。它是加拉帕戈斯群岛的特有物种，喜欢栖息在沙滩或海底，主要以底栖蠕虫，虾、螃蟹等甲壳动物，以及腹足类或双壳类为食。

烈焰红唇

红唇蝙蝠鱼的身体扁平，体长约为 25 厘米，头平扁、宽大，形如趴在海底的蝙蝠，脸上有一张醒目的烈焰红唇，周围还长有白色的"胡子"，因此而得名。

海底长有红唇的鱼比较少见，仅蝙蝠鱼属的部分蝙蝠鱼长有红唇，红唇蝙蝠鱼与其他有红唇的蝙蝠鱼不同，它的红唇四周还有一圈白色的胡子，更显得妖艳、辣眼。

红唇蝙蝠鱼的红唇四周长着一圈毛茸茸的白胡子，背上的皮肤像砂纸一样，上面还长着小刺。

❖红唇蝙蝠鱼

加拉帕戈斯群岛的商家们会将红唇蝙蝠鱼做成各种玩偶和玩具，作为当地的旅游纪念品。

❖蝙蝠

靠胸鳍和腹鳍在海底自由行走

自然界中的鱼类绝大部分是靠"游"来活动的，可红唇蝙蝠鱼却和蟾鱼一样，靠胸鳍和腹鳍在海底行走。

红唇蝙蝠鱼的胸鳍发生了变化，像"手臂"一样，被称为"假臂"。假臂末端的鳍可以向前弯折，这样这对胸鳍就变成了一对胳膊，而它们的腹鳍生长在喉的位置，两对胸鳍和两对腹鳍就像四肢一样支撑起它们的身体，使它们能在海底自由行走，而且它们的行走能力强于蟾鱼。

观赏鱼中的奇葩

红唇蝙蝠鱼因其奇特的红唇而成为观赏鱼中的奇葩，被很多水族玩家喜爱，因而成为水族箱中的一员。

红唇蝙蝠鱼的适应能力强，不过饲养时需要有宽阔的沙面以供它们活动。它们不适合与甲壳动物一起混养在小型水族箱中，因为它们有捕食虾或螃蟹等甲壳动物的习惯。

❖ 停留在沙床上的红唇蝙蝠鱼

红唇蝙蝠鱼习惯在沙床中停留，并且能够很好地与沙质洋底融合，将自己伪装起来不被猎食。

❖ 红唇蝙蝠鱼游泳的样子

红唇蝙蝠鱼偶尔也会游泳，虽然游泳的样子有点笨拙，但是它们并没有完全丢弃这项技能。

大部分生物的身体特征都是为了满足某种需要，如捕食、繁殖等，而红唇蝙蝠鱼娇艳的红唇，科学家却未能发现它有什么作用。首先，它们生活在漆黑的海底，红唇给谁看？其次，它们捕食时靠的是背鳍的触手，而不是红唇。因此有人推测，它的红唇仅仅是因为自我感觉良好。

❖ 红唇蝙蝠鱼背鳍的触手

鲀鱼

虽然有部分品种的鲀鱼的体色绚丽多彩，但大部分品种体色暗淡，与其他的观赏鱼相比，它们在体色方面没有优势，不过，鲀鱼大多长得稀奇古怪，有方形的、圆形的、各种菱形的、长角的，还有一些难以说清的几何形状，正是这些古怪的外观为它们在观赏鱼领域谋得了一席之地。

鲀形目为辐鳍鱼纲、鲈形总目的其中一目，共计 4 亚目 11 科 92 属几百个品种，它们均被称为鲀鱼。它们主要分布于太平洋、印度洋和大西洋的热带和亚热带暖水水域，少数分布于温带或寒温带。它们大多为海洋鱼类，只有少数生活在淡水中，或在一定季节进入江河繁殖。

❖ 鳞鲀科、黄鳞鲀属：黑带黄鳞鲀

❖ 鳞鲀科、黄鳞鲀属：蓝点炮弹

鳞鲀科的鱼类常被视为鲀形目的观赏鱼类的形象代表。

❖ 箱鲀科、三棱箱鲀属：坦克牛角

演化上与刺尾鱼的祖先十分接近

鲀形目最古老的代表种类化石见于始新世，在演化上与鲈形目的刺尾鱼的祖先十分接近。它们的体粗短，皮肤裸露或骨化鳞片、骨板、小刺，无肋骨、顶骨、鼻骨及眶下骨。上颌骨常与前颌骨相连或愈合，牙圆锥状、门齿状或愈合成喙状牙板。有 1 个或 2 个背鳍，腹鳍胸位或亚胸位，或连同腰带骨一起消失。鳔和气囊或有或无。

鲀鱼的猎食与御敌

鲀形目的鱼属于特殊的真骨型鱼，在观赏鱼市场上的常见品种有炮弹鱼、河豚、箱鲀、革鲀等，大多数为近海底层鱼类，少数为中上层鱼类。它们大多数是脾气暴躁的肉食性动物，以甲壳类、贝类、小鱼等为食，有些品种的牙齿锋利、坚硬，能咬碎坚硬的食物，如啃咬珊瑚礁、撕碎无脊椎动物等。

鲀形目中的鱼类大部分游动能力弱，在躲避敌害、危险和受到惊吓时会释放毒素，或吞空气和水，将胸腹部膨大成球状；另一些品种，如炮弹鱼的游动速度快，它们几乎没有什么天敌，在遇到危险时会躲进洞穴，然后撑起背鳍，将自己卡在洞穴之中；还有一些品种，如翻车鱼，它们的行动缓慢、笨拙，在遇到敌害时，根本无法逃脱，于是凭借庞大的体型任由捕食者撕咬，等对方吃饱离开后，自己就安全了。

有些品种饲养起来很麻烦

鲀形目中可以作为观赏鱼的品种很多，大多数品种十分容易饲养，可以适应很低的盐度，能很快接受人工环境和饲料。不过，它们中的许多品种不太适合与其他观赏鱼同缸饲养，因为它们会捕食水族箱中的甲壳类、贝类、小鱼、小虾等，还有可能啃食水族箱中的珊瑚等；有些品种适应环境后，很喜欢与人亲近、互动，会隔着玻璃跟随着人的手指游动；有些品种，如箱鲀，受到惊吓后，会释放毒素，它们的毒素能很轻松地杀死水族箱中的生物。因此，在选择饲养鲀鱼的时候，应该先了解该品种的特性，以防止给水族箱造成毁灭性的灾难。

❖ 革鲀科、单棘鲀属：垂腹单棘鲀

❖ 四齿鲀科、叉鼻鲀属：黑斑叉鼻鲀

鲀形目中不同的品种的体内拥有的毒素不同，其中最常见的毒素为河豚毒素、箱鲀毒素等，人、畜误食后会引起中毒甚至死亡。

鲀形目中许多种类会在春季和夏季向近海移动，在沿岸海区产卵，少数种类会进入淡水江河中繁殖，它们的怀卵量一般为十余万粒至数十万粒，而翻车鲀可怀卵多达3亿粒，为鱼类中怀卵量最高者。

❖ 四齿鲀科、尖鼻鲀属：珍珠尖鼻鲀

炮弹鱼

炮弹鱼是一种头脑聪明、色彩丰富且鲜艳、好养且最有吸引力的大型观赏鱼类之一。

❖ 钩鳞鲀属：黄纹炮弹

炮弹鱼遇到强敌时会迅速躲入珊瑚礁洞或者岩石穴中，然后支起背脊上高耸的背鳍棘以及腹鳍棘，将自己卡在洞穴之中，以防止被猎食者捕食。此外，在夜晚休息的时候，它们也会将身体卡在洞穴中。

疣鳞鲀属的炮弹鱼与大部分炮弹鱼不同，它们常会进入深海和远海。

❖ 疣鳞鲀属：雪花炮弹

炮弹鱼是鲀形目、鳞鲀科 11 个属约 40 个品种的统称，大部分品种体长为 30~60 厘米，属于大型海水观赏鱼。

名字的由来

炮弹鱼一般晚上睡觉，白天活动，通常分布于世界各地的热带海域，包括地中海、大西洋、太平洋和印度洋，多数炮弹鱼偏好浅水珊瑚礁区，也有一些物种，如疣鳞鲀属的鱼类等会进入深海和远海。

炮弹鱼的鱼体呈卵圆形，嘴部黄色，眼睛长在背部的中间，头大并呈圆锥状，像个炮弹头，它们游动的速度也几乎像发射的炮弹一样快，因而得名。炮弹鱼隆起的背脊上有高耸的背鳍棘，可以像枪上的扳机一样收缩，因此又被称为扳机鱼。

炮弹鱼的主要品种是鳞鲀科的鱼类，然而鲀形目中的革鲀科（单棘鲀科）、前角鲀科和单角鲀科的一些品种也被称为炮弹鱼。

❖ 拟鳞鲀属：小丑炮弹

不同品种的炮弹鱼的性格不同

炮弹鱼属于肉食性动物，拥有无比锐利的牙齿，而且非常贪食。不同品种的炮弹鱼的性格不同，选择获得食物的方式也不同。

大多数炮弹鱼的性格暴躁，它们为了食物甚至会主动攻击比它们更大的生物，如拟鳞鲀属和锉鳞鲀属的鱼类；红牙鳞鲀属、角鳞鲀属和黄鳞鲀属的鱼类则性格相对温和，不会主动攻击比自身大的生物；黄鳞鲀属的鱼类的性格更加温和，它们从不会攻击其他鱼类，只是捕食一些无脊椎动物，甚至连医生虾和枪虾都是安全的。

不仅如此，即便是同品种、不同海域的炮弹鱼，它们的个性差异也很大，选择和获取食物的方式也相差很大。

❖ 拟鳞鲀属：泰坦炮弹

海胆的克星

炮弹鱼很喜欢吃海胆，被称为海胆的克星。虽然炮弹鱼的体长一般不足30厘米，但是它们的头部有粗糙的革质，可以抵御海胆的棘刺。当炮弹鱼发现海胆后，会游至海胆附近，先巧妙地朝海胆吐口水，欲通过水流使海胆翻身；如果连续几次吐口水都不能使海胆翻身，炮弹鱼便会小心地用嘴叼起海胆的一根长刺，然后再扔下去，就这样一提

❖ 锉鳞鲀属：三角炮弹

❖ 红牙鳞鲀属：魔鬼炮弹

❖ 角鳞鲀属：黑炮弹

一扔，连续几次，海胆的身体就翻转了过来，将最柔弱的嘴巴露出来，炮弹鱼就会飞快地咬住海胆的柔软部位，再慢慢地品尝美食。

领地意识不强

炮弹鱼的领地意识不强，同品种之间很少为了争夺领地而互相争斗，但是大部分品种却会攻击其他鱼类，尤其是在缺乏食物的时候，它们会毫不犹豫地追赶其他鱼类。如果是在水族箱中，它们则会捕食游泳速度慢的鱼类，如神仙鱼、蝴蝶鱼等小型鱼类，因此，它们不适合与小型鱼类以及一些无脊椎动物混养。

❖ 炮弹鱼发达的牙齿

炮弹鱼的牙齿很发达，而且这些牙齿像老鼠的牙齿一样，终生不停地生长，因此它们经常需要靠啃食珊瑚等磨牙。

在繁殖期，炮弹鱼为了护巢会和一切靠近的生物战斗，而且攻击速度极快，它们连鲨鱼都毫不畏惧，鲨鱼甚至会被它们的拼命行为震慑。

炮弹鱼天生好奇，如果遇到潜水员，它们会主动跟随，然后趁潜水员不注意，像炮弹一样冲上去啄一口，这虽然不会对潜水员造成太大的伤害，但是却让潜水员很头疼，因为炮弹鱼的牙齿很锋利，一不小心潜水服就会被啄破。

❖ 锉鳞鲀属：红海毕加索炮弹

炮弹鱼是最好养的海洋鱼类之一，它们能适应各种鱼缸和水质，而且很容易开口鱼粮，但是它们的成鱼却是珊瑚缸的噩梦，它们会毫不费劲地啃食活石和珊瑚。

❖ 鳞鲀属：女王炮弹

❖ 鸳鸯炮弹

大多数炮弹鱼喜欢独居，常躲在岩石丛中，终日躲藏而不敢见人；也有一部分炮弹鱼喜欢成群活动，如女王炮弹和鸳鸯炮弹等，如果水族箱太小，会造成水中钙含量不足，从而导致它们的体色变淡。

革鲀

嘬 着 搞 笑 滑 稽 的 嘴

革鲀支棱着"独角",一副与任何靠近者决斗的姿态;又嘬着长长的嘴,好像在海底到处索吻,如此憨傻呆萌的独特造型,看上去非常幽默搞笑。

革鲀是鲀形目、单棘鲀科（或革鲀科）31 个属 95 个品种的统称,它们广泛分布于大西洋、印度洋和太平洋海域。

有毒的第一背鳍

革鲀身上布满坚硬、细小的鳞毛,形成强韧如鞣皮的皮肤,因此得名"革"。革鲀的嘴和其他鲀类的一样小,牙齿尖锐且强健有力。它们最醒目的特点是第一背鳍,它比鳞鲀科鱼类的稍长,而且有毒。这个背鳍不仅能使它们像鳞鲀科的鱼类一样将身体卡在洞穴之中休息,还能在遇到危险时竖起第一背鳍,仿佛一只独角,用以抵御侵犯的敌人。

让自己完全消失

革鲀和很多鲀形目的鱼类一样,其体色会随着环境改变而变化,有些革鲀的皮肤上还长有小皮瓣,当它们躲藏在海藻、海鞭或珊瑚丛中后,体色就会随之变成环境色;有些品种,如拟须鲀会拟态成海笔、海鞭、红树林的根等,并躲藏在其中,让自己完全消失。

❖ 锯尾副革鲀

锯尾副革鲀属于革鲀科、副革鲀属的鱼类,其体型较小,体长仅 10 厘米左右。

革鲀的种群在澳大利亚水域最丰富,我国拥有 23 个属 58 个品种,占全世界已知品种的一半以上。

大部分革鲀幼鱼营大洋性生活,经常可在漂流物的下方发现它们,成鱼营独立生活或成对生活。

❖ 革鲀科前角鲀属:粗尾前角鲀

❖ 派氏板齿革鲀

派氏板齿革鲀属于革鲀科、板齿革鲀属的鱼类，其体长一般为10厘米，体色几乎和环境色一模一样，如果不注意根本发现不了它们。

❖ 拟须鲀

拟须鲀的体长为33厘米左右，它是革鲀科中外观最独特的，看起来简直不像革鲀科中的物种，其体形修长，带有长长的下巴触须骨和尾鳍，它们常拟态成海笔、海鞭、红树林的根、细长的海绵、绳索和漂浮的红树林芽。

革鲀属于杂食性鱼类，主要以底栖性无脊椎动物为食，有些品种，如玉米炮弹等会以珊瑚或浮游动物为食，它们的变色能力不仅能使它们有效地躲避天敌，还能使它们的捕食变得轻松。

看起来搞笑滑稽

大部分革鲀的体形与鳞鲀科鱼类的相似，呈卵圆形或长椭圆形，眼睛长在背部的中间。革鲀的嘴部细长，看起来好像噘着嘴在索吻一般，十分滑稽可爱。它们在观赏鱼市场上除了被称作"革鲀"外，还被称为"鳞鲀"，有些品种还被称为"炮弹鱼"，有些被称为"马面鱼"，还有些品种被称为"角鲀"等。

❖ 玉米炮弹

玉米炮弹的体长为10厘米左右，是革鲀科、尖吻单棘鲀属的鱼类，其身体上布满黄色斑点，看上去像玉米一般，样子非常可爱，是革鲀科中最热门的品种，物美价廉，但是它们却不容易饲养，因为它们只爱吃鹿角珊瑚，虽然有部分品种能开口吃其他食物，但是绝大部分都只吃鹿角珊瑚，否则只能活活饿死。它们不会吃除鹿角珊瑚以外的珊瑚，可以放心地将它们放入没有鹿角珊瑚的水族箱。

❖ 缰纹似马面单棘鲀

缰纹似马面单棘鲀是革鲀科、似马面单棘鲀属的鱼类，其长相与马面鲀属的鱼类相似，但是比马面鲀属的鱼类更大、更鲜艳，它的体长可达到45厘米以上，身体中部有马蹄形标记，雄鱼比雌鱼颜色鲜艳得多。

❖ 黄鳍马面鲀

黄鳍马面鲀属于革鲀科、马面鲀属，其体较侧扁，呈长椭圆形，与马面相似，马面鲀属中的大部分品种都是产量甚高的海产经济鱼类之一。

河豚

腹 部 会 膨 胀 成 圆 球 的 怪 鱼

河豚的体形呈长椭圆形，当其愤怒、紧张或者遇到天敌时，腹部会膨胀成大大的圆球，因此它们又常被称为气球鱼、气泡鱼、吹肚鱼等。它们也因为这些怪异行为而成为水族箱中的一大看点。

河豚又名河鲀，是鲀形目中的四齿鲀科、三齿鲀科、二齿鲀科等的鱼类的俗称，总计大约有18属95个品种，分布于全球各大海域，栖息地包括珊瑚礁、海草床、河口、沙泥地，有些品种生活在淡水河流及湖泊之中。

能发出类似猪叫的声音

河豚最醒目的特征是上、下颌与颚骨完全愈合，中间有细缝将其分成2~4片的喙状，成为四齿状、三齿状、二齿状，所以也称为四齿鲀、三齿鲀、二齿鲀。它们可以靠牙齿或咽齿的摩擦或者震动鳔发出类似猪叫的声音，因此得名河豚。

河豚的鳞片多埋在皮下，因此体表看起来光滑无鳞，有些品种，如二齿鲀科中的河豚体表有短棘刺。

人工饲养河豚时应保持环境安静，因为河豚的胆子较小，受惊吓后会出现身体膨胀和拒绝进食的情况。河豚是杂食性鱼类，可以投喂动物性饵料。

❖ 河豚

河豚在我国民间有很多名字，如气鼓鱼、乖鱼、鸡抱、龟鱼、街鱼、蜡头、艇鲅鱼等。

河豚大多都有毒，它们中只有二齿鲀和四齿鲀的身体会鼓胀成球。

刺瓜属于二齿鲀科、刺鲀属的品种，二齿鲀科的河豚绝大部分都满身棘刺，遇到危险时，鼓起肚子后，棘刺更加直挺，看上去很威武。常成为水族馆中的观赏鱼。

❖ 二齿鲀科：刺瓜

❖ 三齿鲀科：长鳍三齿鲀

长鳍三齿鲀是三齿鲀科下唯一属三齿鲀属下的唯一的现存鱼类，其身体呈圆柱形，腹鳍膜特大，呈扇形，它是鲀形目中唯一具有尾鳍前鳍条的品种。

《山海经》是记载食用河豚最早的出处，但在书中却没有关于第一个吃河豚的勇士的详细记载。

河豚家族中的东方鲀属中的鱼类虽毒素很强，但肉味鲜美，蛋白质含量高，营养丰富，在日本、朝鲜和我国不少地方都非常受欢迎，但有危险性，须处理得当。白珍珠狗头是东方鲀属的一种，体长为13厘米左右，其除了拥有河豚该有的特征之外，还能在繁殖时成大群登陆，并将卵产于高潮带。

❖ 东方鲀：白珍珠狗头

拼死吃河豚

"拼死吃河豚"是我国一句广为流传的谚语，这句话中蕴含了美味的享受和致命的危险。

河豚虽然看起来憨态可掬，但是众所周知，河豚有剧毒，不过人们却无法抵挡这种美味的诱惑。早在春秋战国时期，中国人就开始食用河豚，并知道它有毒，先秦古籍《山海经》中介绍河豚为异兽"赤鲑、肺肺"，在描述"敦水"的文中说"多肺之鱼，食之杀人"。据明朝李时珍在《本草纲目》中记载，虽然河豚肉味美，但是河豚的卵巢、眼睛乃至血液中都有毒，如果烹饪不当的话，吃了会死人。然而，吃河豚的历史却一直延续至今，中毒事件时有所闻，却依旧未能阻止人们吃河豚。这种吃河豚的习惯还流传到了日本和韩国等，日本的古典短诗俳句更是将河豚描述成可解失恋之苦的美味。

超强的御敌能力

河豚没有腹鳍，它们只能靠胸鳍和臀鳍划水，因此游动速度很慢。它们基本上无须担心天敌，因为猎食者都知道它们有毒，所以大部分猎食者都会对它们敬而远之。但是也有例外，有些猎食者会对河豚造成威胁，在遇到威胁、惊扰时，大部分河豚会迅速将水或空气吸入极具弹性的胃中，在短时间

内膨胀成数倍大小，吓退猎食者。棘鲀科的河豚在膨胀时全身甚至会竖起刺，使猎食者难以吞食。除此之外，有些品种的河豚在遇到威胁时，还会主动向水中分泌毒素，使猎食者不敢靠近。

❖ 四齿鲀科：月尾兔头鲀

在所有河豚中，四齿鲀科、兔头鲀属（俗称鲭河豚）的河豚毒性最强，而兔头鲀属的月尾兔头鲀（俗称白规）是毒性最强的品种。月尾兔头鲀的体长为40厘米左右，鱼体背部灰青色，腹部银白色，鳃孔白色。尾鳍月形，上叶黄色，下叶白色。它是被各国完全禁止食用的品种，其皮肤、精巢、鱼肉和内脏均有河豚毒素，仅偶尔会在水族馆中供人们观赏。

钻纹狗头又名网纹叉鼻鲀，属于四齿鲀科、叉鼻鲀属，其体长一般为40厘米。它们会啃食碎珊瑚、虾、蟹、贝类，以及棘冠海星、海胆等棘皮动物的硬壳。本属的品种大都因外表覆盖绚丽的网纹和斑点而成为河豚家族中有名的观赏鱼品种。

❖ 四齿鲀科：钻纹狗头

河豚的食性相当广泛，有些品种会啃食海藻或海草；有些品种则以生活在礁区、行动缓慢、带有硬壳的无脊椎动物为食；有些品种则会啃食或咬碎珊瑚、虾、蟹、贝类或海星、海胆等棘皮动物。

箱鲀

长 得 像 盒 子 的 鲀 鱼

箱鲀虽然脾气温和，却是个狠角色，在遇到攻击和不爽的时候，就会毫无顾忌地释放毒素，不惜与周围的水族生物同归于尽。因此，在水族箱中饲养箱鲀时不要惹怒它，否则后果就是整个水族箱内所有的水族都会遭殃。

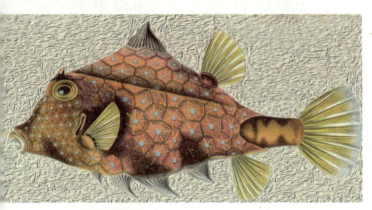

❖ 古画中的箱鲀

❖ 福氏角箱鲀

箱鲀是鲀形目、箱鲀科和六棱箱鲀科 2 科 13 属约 30 种鱼类的统称，广泛分布于印度洋、西太平洋的热带和温带珊瑚礁海域。

盒子鱼

箱鲀科与六棱箱鲀科是近缘关系，又被称为盒子鱼，它们最大的特点是身体除眼、口、鳍及尾部外，其他部位被坚硬粗糙的盒状骨架包围着，可以抵御天敌，因此，箱鲀也被称为铠鲀。

箱鲀的盒状骨架是由骨板愈合而成的，其断面会因品种不同而不同，箱鲀科的品种略呈三角形、方形或五角形，而六棱箱鲀科多为六角形，少数为五角形或七角形。

❖ **箱鲀科的明星——牛角箱鲀**
牛角箱鲀又名黄角仔，也被称为"水中金牛"，体色为鲜绿带黄。

箱鲀的长相非常怪异，大部分箱鲀体色鲜艳，一般为鲜绿色、黄色、黄褐色，头部有白色或蓝色的点与条纹，身体上有蓝纹，有些品种的头部具有牛角状的长突棘，因此又常被称为"牛角"，其中最常见的品种为箱鲀科的牛角箱鲀、线纹角箱鲀和棘背角箱鲀，以及六棱箱鲀科的丽牛角箱鲀等。

在自然环境中，箱鲀一般可以长到 30 厘米以上，最大体长不超过 50 厘米，幼鱼时常常隐藏在海藻中随波漂流，成年后箱鲀科的鱼类会在沿岸浅的海岩礁区或海藻丛中生活。而六棱箱鲀科中的大多品种会集中在深水区，有的甚至会生活在超过 200 米深的海域。

无论是箱鲀科，还是六棱箱鲀科的鱼类，它们一般不结群，单独过着底栖生活，靠背鳍和臀鳍缓慢地游动，主要觅食各类有机质碎屑、海鞘、海绵、软珊瑚、甲壳类等，也有一些品种以藻类为食。

狠起来以命相拼

箱鲀的鳃盖无法活动，因此呼吸频率很高，静止不游动

❖ 线纹角箱鲀

线纹角箱鲀也叫花牛角。成鱼身体为黄色或褐色，还有亮蓝色的斑点杂乱地分布在全身。

❖ 棘背角箱鲀

棘背角箱鲀的身体为褐色，腹面色较浅。体甲散布一些不规则的褐色条纹，头部和尾柄上有小黑点。尾鳍淡色，且有 6 条褐色横纹。

丽牛角又名丽饰六棱箱鲀、丽六棱箱鲀等，它是六棱箱鲀科中最绚丽的品种，体长一般为 13 厘米左右。

❖ 丽牛角

❖ 牛角箱鲀工艺品

箱鲀身体内具有闭合的骨骼，它们的身体摸起来非常坚硬，即使死去也不会变形，常被晒成干尸当作工艺品出售，如果环境干燥，这些干尸可以保存许多年而不坏。

箱鲀和河豚一样，其肉味美，但是有毒，烹饪时需要小心，否则容易误食中毒。

在被捕获、触摸和运输的过程中，箱鲀常会放出一种有毒物质，能毒死在一起的其他鱼类。

箱鲀在饲养过程中，常会因营养不良而体色变淡，出现这种情况时，添加一些新鲜的饵料，便可使它们的体色变得鲜艳起来。

饲养箱鲀时最好养在水温适合的环境中，水流应平稳且不能过大，环境不能过于混杂，不能饲养在商场之类的公共开放的环境中，否则它们会很生气，后果很严重。

时每分钟可达 180 次，游动时其呼吸频率更高。它们性情温和，但却是个狠角色，其盒状骨架可以抵御猎食者进攻。除此之外，在遇到攻击或伤害时，它们会释放毒素，不仅毒死对手，甚至连自己都一起毒死。

箱鲀从不主动攻击人类，但是人类要想抓住它们也并非易事，曾经有渔民将几只箱鲀追赶至海滩上，箱鲀对着渔民发出如同老牛叫的"哞、哞~"声，不一会儿，整个海滩聚集了上千只箱鲀，它们集体释放毒液，以命相拼，一时间海滩上大片箱鲀翻肚皮自杀身亡，吓得渔民赶紧逃上了岸。

在水族箱中最好不要混养

箱鲀的毒属于剧毒，加上它们常常表现"不要命"的精神，使海洋中的大多数猎食者，以及人类不敢轻易去招惹它们。但是，箱鲀由于特殊的外观和较萌的游姿，成为观赏鱼市场上的宠儿。

箱鲀饲养起来并不困难，它们对食物不挑剔，一般喂食虾肉或鱼粮即可，但是饲养时最好不要和其他鱼类混养，以免它们受到刺激后分泌毒素，将其他鱼都毒死。

❖ 化石中的宋氏始角箱鲀模样

这是一块古老的化石中的宋氏始角箱鲀的模样，它是如今的箱鲀的近亲，其额部有一只多出来的小角，比如今的角箱鲀更长、更夸张。

翻车鱼又称翻车鲀，是鲀形目、翻车鲀科的鱼类的统称，它们常栖息于各热带和亚热带海洋以及温带或寒带海洋。翻车鱼的身体圆、扁、大，像个大碟子，身形偏短而两侧肥厚，体侧呈灰褐色，腹侧则呈银灰色，看上去就好像被人用刀切去了一半一样。翻车鱼的身体像鲳鱼那样扁平，天气好的时候，翻车鱼经常像侧睡在海面上一样，一面向上翻躺在水面，随波逐流，因此，渔民以"翻车"来形容翻车鱼。

翻车鱼利用扁平的体形悠闲地躺在海面上，借助吞入空气来减轻自己身体的比重，若遇到敌害时，就会潜入海洋深处，用扁平的身体劈开一条水路逃之夭夭。但是，翻车鱼靠背鳍及臀鳍摆动来前进，所以游泳技术不佳且速度缓慢，而且嘴很小，一旦被猎食者盯上，基本上无法逃脱。因此，翻车鱼如果来不及逃跑，即便是被天敌咬住了，也不会去反抗，任由其撕咬，本着对方吃饱了就会自行离开的心态。除此之外，翻车鱼还常因游泳技术笨拙、行动缓慢而被渔民的渔网捕获。

❖ 翻车鱼

翻车鱼的分泌物质能治疗鱼类的伤病，其原因目前无法解释，但是这却是被海洋科学家确认的事实。

翻车鱼骨多肉少，剥皮后鱼肉约为体重的 1/10，都是精华，我国台湾地区有一道名菜"妙龙汤"，即以翻车鱼的肠子为原料，食之既脆又香。

翻车鱼拥有令人难以置信的厚皮，它的皮由厚达 15 厘米的稠密骨股纤维构成。19 世纪时，渔民的孩子们会把厚厚的翻车鱼皮用线绳绕成有弹性的球玩。

翻车鱼

形 状 最 奇 特 的 鲀 鱼

翻车鱼是硬骨鱼中最大、形状最奇特的鱼之一，整条鱼好像只有一个大脑袋，上面长着极不相配的小嘴、小眼，没有身体、尾巴，长相呆萌蠢笨，性情非常温和，行动缓慢，是看上去最不像鲀鱼的品种。

❖ 第一次有记录的发现翻车鱼

这是一条于 1910 年捕获的翻车鱼，估计重量为 1600 千克。当时的人们并未发现过这么大的硬骨鱼，所以都争相与之合影。

翻车鱼的体长可达 3~5.5 米，重达 1400~3500 千克，它们的肉质鲜美、色白，营养价值高，蛋白质含量比著名的鲳鱼和带鱼的还高。除此之外，翻车鱼的皮熬制成明胶或鱼油后，可以作为精密仪器和机械的润滑剂，它们的鱼肝也是炼制鱼肝油和食用氢化油等的原料。

翻车鱼的体型过大，而且身体上常寄生着各种寄生虫，除了海洋馆会将其作为展示品种外，一般不会被水族爱好者作为观赏鱼饲养。

❖ 躺着晒太阳的翻车鱼

一条雌性翻车鱼一次可产 2500 万 ~3 亿粒卵，它被称为海洋中最会生产的鱼类之一。然而，因为捕捞等，目前翻车鱼已经在《世界自然保护联盟濒危物种红色名录》中被列为"易危"等级。

翻车鱼最常见的种类有 4 种，分别是普通翻车鱼、拉氏翻车鱼、矛尾翻车鱼、斑点长翻车鱼。

❖ 翻车鱼的种类

普通翻车鱼　　　　拉氏翻车鱼　　　　矛尾翻车鱼　　　　斑点长翻车鱼

鲨鱼

大型鲨鱼大多是凶悍的海中霸主，让人望而却步，水族爱好者无法饲养，不过，一些中小型鲨鱼可以作为个性十足的"海宠"饲养在水族箱中供人欣赏。

鲨鱼是一种凶猛且桀骜不驯的海洋生物，有一些品种可以作为观赏鲨饲养在水族箱中，不过仅限于中小型鲨鱼，如猫鲨科、角鲨科、天竺鲨科、虎鲨科、铠鲨科、长须鲨科等中的部分中小型鲨鱼，一些体型大的鲨鱼，如铰口鲨等，虽然性格较为温顺，但是通常不适合饲养在家庭水族箱中。

观赏型的鲨鱼虽然体型较小，成体一般很少超过150厘米，但是它们依然威风凛凛、霸气十足，它们在自然环境中大部分生活在珊瑚礁和岩礁地区。

饲养观赏鲨时，首先，需要准备一个大型的水族箱，否则，即便是小型鲨鱼在里面也活动不开；其次，鲨鱼只接受海水养殖，因此需要专门购买海水，还需要养水，否则它们会很不适应；第三，在投喂饲料时应该以冻鱿鱼、活海虾以及鱼类等各种动物饵料为主，因为鲨鱼都是凶猛的猎食者，别指望它们能接受素食；最后，鲨鱼在食物充足的情况下，身体长度和体重增长得很快，因此，日常饲养时需要控制食物供给，以免它们长得过快，否则只能换更大的水族箱。

鲨鱼凶猛强壮，能彰显饲养者的独特性格，因此备受鱼友们的欢迎，不过，在饲养鲨鱼的过程中还有很多困难和问题，需要饲养者在饲养过程中逐渐发现和解决。

大部分品种的鲨鱼的饵料中长期缺少碘和维生素时，它们可能会出现甲状腺肿大的症状，因此饲养鲨鱼时需要长期给它们服用碘化钾，这样可以预防和治疗鲨鱼的甲状腺疾病。

❖ 铰口鲨

铰口鲨常被称为灰护士鲨，因为其头部形状类似护士帽而得名，铰口鲨的体长为3米、体重达100千克以上。它虽然外形憨态可掬、性情温顺，是中大型水族馆中常见的鲨鱼品种之一，但是却因为体型太大而很少被养在家庭水族箱中。

铰口鲨小群活动，在很大程度上是一种夜间生物，白天通常躺在沙质海底或躲进洞里休息，夜间出来捕食。

鲨鱼的食量比较大，要注意定期和定量投喂食物。

饲养鲨鱼最好的水是它们生存环境的海水，因此这笔费用不小，目前水族市场上的海水价格为每吨1000元左右，如果纯净一点的会更贵。此外，在将鲨鱼放入水族箱前，需要进行过水处理。

鲨鱼体型大，它们需要更多的氧气，因此饲养鲨鱼的水族箱需要监控氧气含量，随时需要用增氧泵补充氧气。

鲨鱼入缸之后，需要10~15天来适应环境，之后就可以慢慢正常饲养了。

❖ 猫鲨科斑鲨属：白斑斑鲨

白斑斑鲨是观赏鱼市场上最常见的猫鲨科鲨鱼，它们的身体细长，一般体长很少超过 80 厘米，性情温和，主要生活在印度洋和西太平洋的珊瑚礁区。

猫鲨

长 有 猫 眼 睛 的 鲨 鱼

　　猫鲨有像猫一样竖着的瞳孔，它们如细长的树叶形状，在光线的照射下会变得闪闪发光。猫鲨常趴在水底，伺机捕猎无脊椎动物和小鱼。

　　猫鲨是猫鲨科鱼类的统称，它们属于中小型鲨鱼，分布很广，在热带、温带、寒带到北极的沿海水域至大洋深处都有它们的踪迹。

品种很多

猫鲨科鱼类一般为卵生或卵胎生，它们将产有鞘的卵在海底孵化。

　　猫鲨科的品种有很多，是鲨鱼中最大的一科，全球有 15 属 100 种以上，不同品种的猫鲨间的体态差异较大，最大的品种有 4 米多长，最小的品种体长不超过 40 厘米。其中，部分体长不超过 2 米的品种可以作为观赏鱼饲养。

网纹猫鲨的体长一般为 40 厘米，它们身体上有网纹状的花纹，主要生活在冷水水域，如果水温超过 10℃，它们就会下潜到更深的水域。

❖ 猫鲨科猫鲨属：网纹猫鲨

　　猫鲨科的鱼类大多身体呈延长的圆柱形，头形稍尖，眼睛则呈横向的纺锤形、卵圆形或裂缝状，猫鲨的牙齿颇为发达，上、下颌的齿形相似，通常具有小齿尖。背部有两个背

❖ 猫鲨科光尾鲨属：加州光尾鲨

鳍，无硬棘，尾鳍下叶通常不太明显，甚至根本没有下叶。

拥有和猫相似的行为

猫鲨不仅长着和猫科动物类似的眼睛，同时还拥有和猫科动物一样的夜视能力，对光十分敏感，即使是在黑暗的海底也能看到猎物。此外，猫鲨还和猫一样灵活，具有攻击性，它们不仅具备捕食鱼类的能力，有些品种还具备诱捕飞鸟的能力。它们会将身体浮在水面，一动不动，使过往的飞鸟误以为是一根朽木或一块礁石，只要鸟儿停在上面休息，便会被猫鲨轻松捕食。

猫鲨科的鲨鱼并不都是观赏鲨，有些属的鲨鱼虽然体型很小，但是因为饲养和捕捞难度大，所以很少被作为观赏鱼饲养，如猫鲨科光尾鲨属的大部分品种的鲨鱼，虽然它们的体长一般为 50 厘米，但是它们因为栖息在深海，捕捞难度大，加上对它们的生活习性不够了解，所以目前很少出现在观赏鱼市场上。

❖ 猫鲨科绒毛鲨属：真阴影绒毛鲨

绒毛鲨属的鲨鱼一般分布于 5~690 米深的海域，在水族市场并不多见。绒毛鲨属的鲨鱼体长为 30~100 厘米，它们都属于凶猛的猫鲨，常以鱼类为食，在紧张或遇到危险和捕猎者时，它们会大口吸水使身体膨胀起来，让捕猎者无法吞咽。

饲养猫鲨科的观赏鲨品种时，水族箱中需要底沙，但是底沙不能太粗糙，否则容易磨伤其腹部。可喂食带壳的贝类、淡水虾、鱿鱼及冻的蚌类等，只要控制好食量，它们一般不会长得很大。

长须猫鲨属的鲨鱼一般生活在温暖水域，从潮间带到 256 米深处都有分布，它们常见于岩石、珊瑚海域，主要以鱼类、章鱼、多毛类蠕虫等为食。

❖ 猫鲨科长须猫鲨属：虫纹长须猫鲨

角鲨

角鲨有尖尖的、扁扁的脑袋，如同锐角一样，充满杀气，它们是水族市场上最常见的鲨鱼品种之一。

❖ 白斑角鲨

白斑角鲨被认为是全球海域现存数量最多的鲨鱼品种，它们除了北太平洋之外，几乎遍及其他所有海域，甚至连北极圈、河口地区等都曾发现过它们的踪迹。

白斑角鲨有毒，它们的背鳍中有一根毒刺与毒腺相连，捕捞或者饲养时需要小心它们的毒针。

白斑角鲨的寿命很长，一般可到50年以上，最长可达70年以上。如果有幸饲养一条，它或许会陪伴你一辈子。

长吻角鲨又名丰胴棘鲛，主要分布在热带及亚热带海洋的大陆棚、岛基台及大陆坡水深950米处。长吻角鲨一般体长为75厘米，其吻部比其他种类的角鲨长。

❖ 长吻角鲨

角鲨是所有角鲨目、角鲨科鲨鱼的统称，角鲨科中一共有10属70多个品种，常见的有白斑角鲨、长吻角鲨和短吻角鲨等。它们分布于世界各地的温水、冷水或深海区，主要栖息于沙质海底，以小型鱼类，如鳕鱼、鲱类、鲷类、鲭类，以及软体动物、甲壳类、环节动物、水母等为食。

角鲨属于卵胎生，卵大，卵黄管粗短，根据不同海区和不同品种，雌鱼的妊娠期不同，一般为6~22个月，每条雌鱼每次可产数条至十余条仔鱼，多至30条仔鱼。

角鲨的体长一般可达到1米以上，其头平扁而长，头宽比头高大，眼大，鼻孔距口远，吻长，两侧向前狭小，整个头部看起来如同一个锐角，因此而得名。此外，角鲨尾部细长，有两个背鳍，各有一根硬棘。

角鲨比较喜欢6~14℃的水温，它们中的大部分品种会随着季节变化，自南向北或自北向南洄游，以及自浅向深或自深向浅移动，此外，它们还有昼夜垂直移动的习性，以昼沉夜浮来适应水温。

角鲨的肉质鲜美，肝可制油，部分体型大的品种的鳍还可制翅，因此，它们属于经济鱼类，常被大肆捕捞，部分种类，如白斑角鲨，因被过度捕捞而成为"世界十大最受贸易活动威胁的物种之一"。

天竺鲨又被称为天竺鲛，是
天竺鲨科（天竺鲛科）鱼类的统
称，全球已知仅长尾须鲨属和斑
竹鲨属2属17个品种，主要分
布于马达加斯加、北印度洋及西
太平洋的热带海域，生活于潮间
带、潮池或近海的珊瑚礁及岩石
区，以小鱼及底栖无脊椎动物为
食，有些品种几乎不吃鱼和虾。

❖ 长尾须鲨属鲨鱼嘴下的短触须

天竺鲨

常 与 猫 鲨 混 淆 的 小 型 观 赏 鲨

天竺鲨正如它的名字一样，外观少了点鲨鱼该有的霸气和杀气，有些品种甚至看上
去还有点呆萌、憨厚。

我国台湾海域的天竺鲨通常被当地人
称为狗鲨。

❖ 滩涂上的顶级猎食者：斑点长尾须鲨
斑点长尾须鲨是长尾须鲨属中的明星，
它们又被称为金钱鲨、肩章鲨等，是一
种生活在热带水域的小型鲨鱼，平均体
长为1米左右，体色呈米色或褐色，全
身布满深褐色的斑点，在胸鳍上方有一
个特别明显的大斑点，看起来像肩章，
又像一枚钱币，因此得名金钱鲨、肩章鲨。
斑点长尾须鲨虽然是鲨鱼，但是其长相
看上去更像蝾螈，胸鳍和臀鳍宽而圆，
具有十分强壮的肌肉，它们依靠胸鳍和
臀鳍出没于珊瑚礁的浅水带，尤其是水
深50米以下的潮汐池及浅水区域，它
们可以在退潮后，靠鳍在滩涂之上"爬"
行，用嘴下的触须探测猎物，加上坚硬
的牙齿，很容易就能捕捉到螃蟹、贝
壳、环节类和其他无脊椎动物，并在滩
涂以及潮汐池内大开杀戒，斑点长尾须
鲨是滩涂上无可争议的顶级猎食者。

❖ 斑点长尾须鲨的"肩章"
肩章鲨家族成员最大的特点就是有一个标志性大斑点，即"肩章"。

在交配时，长尾须鲨属的雄性鲨鱼会咬住雌性鲨鱼的身体，甚至咬住鳃，从而很好地掌控雌性鲨鱼。

长尾须鲨属的鲨鱼属于卵生，一般雌鱼会产 7~8 枚卵，孵化期为 120~130 天，7 岁以后性成熟。

长尾须鲨属的鲨鱼习惯慢慢品尝它们的美食，有时候会咀嚼 5~10 分钟才会咽下，它们的牙齿也可以磨碎一些贝壳类食物，然后用心慢慢地品尝美食。

长尾须鲨属

　　长尾须鲨属的鲨鱼一般体长为 1 米，其显著的特点是嘴下有长长的触须，看上去并不像大多数人心目中的鲨鱼形象，反而更像是蝾螈，有点呆萌、憨厚的感觉。

　　长尾须鲨属共有 9 个品种，分别是印尼长尾须、行走鲨、巴布亚长尾须鲨、哈马黑拉长尾须、亨利长尾须鲨、米尔恩湾长尾须鲨、斑点长尾须鲨、斯氏长尾须鲨和项斑长尾须鲨，其中，在观赏鱼市场上最常见的品种是斑点长尾须鲨。

　　日本动画片《铁甲小宝》中的鲨鱼（辣椒）虽然可以在陆地上自由行走，但是它却非地球上的生物，而是高原寺博士制造的一个鲨鱼机器人。然而，在现实中，长尾须鲨属的鲨鱼可以离开海水，在陆地上捕食。它们常活跃于浅水、潮汐池、潮间带，已进化出能适应低氧环境的捕食能力，有些品种如行走鲨、斑点长尾须鲨等还能直接脱离海水，在潮间带上依靠胸鳍和臀鳍支撑起身体"行走"，上岸追捕猎物。

斑竹鲨属

　　斑竹鲨属的鱼类最显著的特点是幼鱼时期身体上的斑纹非常醒目，成鱼后身体上的花纹变得十分模糊。本属共有 8 个品种，分别是阿拉伯斑竹鲨、缅甸斑竹鲨、蓝点斑竹鲨、

斑点长尾须鲨的大脑负责嗅觉的组织占 62%，比大部分鲨鱼的比例高不少，而视顶盖只有 21%，比其他鲨鱼还要低，说明它是靠嗅觉捕食的鲨鱼。

❖ 肩章鲨

灰斑竹鲨、南亚斑竹鲨、印度斑竹鲨、条纹斑竹鲨和点纹斑竹鲨（又称狗鲨）。它们的体长一般不足1米，属于小型底栖鲨鱼，常常趴在水底悄悄捕猎，很容易被误认为是猫鲨。

很多斑竹鲨属的鲨鱼品种在水族市场上较为常见，如条纹斑竹鲨的价格低廉，在水族市场最为常见，有时甚至能在水产市场看到它们。

2002年，在美国底特律一家水族馆里，一条雌性条纹斑竹鲨6年时间内没有和雄性接触过，却产卵并孵化出3条幼鲨，这是首次观察到条纹斑竹鲨的孤雌生殖现象。

大多鲨鱼品种饲养时都很费钱，而饲养斑竹鲨属的鲨鱼却能相对节省费用，尤其是条纹斑竹鲨等，它们本身价格便宜，而且不会伤害鱼、虾和珊瑚，是养鲨鱼者的入门选择品种。

条纹斑竹鲨为卵生，卵的孵化期14~15周。

❖ 条纹斑竹鲨

条纹斑竹鲨俗名狗鲨，常见于印度—西太平洋区，其最大体长不足1米，有黑色条纹并夹杂白色和黑色斑点，由于体型较小，而且它们主要以甲壳类等为食，很少攻击观赏虾和鱼，也不会伤害珊瑚，因此可以和各种观赏鱼、虾类混养，是最常见的观赏鲨。

点纹斑竹鲨的体长一般为1米，常见于印度—西太平洋区，其幼鱼黑白相间，如同斑点奶牛，非常可爱。成鱼的体色、纹路不再清晰。它们的生活习性和条纹斑竹鲨相同，也是比较适合饲养在水族箱中的观赏鲨。

❖ 点纹斑竹鲨幼鱼

❖ 鼬鲨属：虎鲨

真鲨亚目、真鲨科、鼬鲨属的鲨鱼是鲨鱼家族中体型仅次于大白鲨的凶猛残忍的食肉动物，被喻为"海中老虎"，俗称"虎鲨"。

虎鲨

性 情 温 和 的 猎 杀 者

虎鲨科的鲨鱼虽然体型较小，性情温和，不及真鲨科、鼬鲨属的虎鲨那么凶残，但是它们也是不折不扣的威猛生物，会猎杀水族箱中的其他观赏鱼。

虎鲨有两种：一种是真鲨亚目、真鲨科、鼬鲨属鲨鱼的统称，此属的虎鲨体型巨大，平均体长达 4 米以上，最长能达到 9 米以上，性情凶猛且贪婪，几乎可以吃海洋中的任何动物，是北极熊的天敌，被称为"最危险的鲨鱼之一"，因此，不适合作为观赏鲨。另一种是虎鲨

佛氏虎鲨的体长一般为 1 米，它们不会对珊瑚等造景造成伤害，但是却会悄悄捕食水族箱中的各种虾、蟹、贝壳和鱼类。

❖ 虎鲨属：佛氏虎鲨

虎鲨全身黄色并有黑色横纹，这是避免敌害的警戒色。

❖ 虎鲨属：澳大利亚虎鲨

澳大利亚虎鲨又名杰克逊异齿鲨、杰克逊异齿鲛等，它是虎鲨属中最大的品种，一般能长到 1.3 米以上，最大能长到 1.65 米。

目、虎鲨科、虎鲨属的 9 种鲨鱼的统称，它们体型较小，一般体长为 50~150 厘米，主要以生活在海底的海星、贝壳、蟹、虾等为食。它们便是在观赏鱼市场上常被提及的虎鲨品种。

虎鲨科的鲨鱼的体型较小，身体粗而短，头高，近方形，眼小，为椭圆形，吻短钝，鼻孔具鼻口沟。它们主要分布在太平洋、印度洋的各热带与温带海区。我国现有两种，即宽纹虎鲨和狭纹虎鲨。

根据化石记录，虎鲨目的鲨鱼最早的祖先出现在侏罗纪早期，古生代石炭纪也有化石记录，至中生代时虎鲨目的鲨鱼最为繁盛，到新生代渐衰落。

现存的虎鲨目的鲨鱼与侏罗纪时期的虎鲨非常相似，并且为同属鲨鱼，它们的共同特点是有两个背鳍，背鳍前部各有一根刺，依靠背鳍棘抵御敌害。

虎鲨每次产两枚卵，卵具螺旋瓣的圆锥形角质囊，卵囊末端曳有长丝，借以固着于附着物上。

虎鲨目的鲨鱼生性凶猛，一般开始很难适应水族箱的生活，但它们的适应性很强，经过耐心饲养后，一旦适应环境，它们就会开始悄悄捕食水族箱中的任何鱼类、贝类及软体。它们属于夜行性鱼类，夜幕降临后，它们会在夜色的掩护下，搜寻水族箱中休息的观赏鱼，然后冲上去一口吞掉。

铠鲨

小 到 能 打 破 人 们 对 鲨 鱼 的 认 知

铠鲨中最小的品种的体长才20厘米，完全打破了人们对鲨鱼的认知，而且，有些铠鲨品种不仅无法靠武力称霸海洋，还需要过寄生生活。

铠鲨是角鲨目、铠鲨科18属50余种鲨鱼的统称，主要分布于印度洋、太平洋、大西洋，如墨西哥湾、北海、地中海等海域，它们不成群，常单独行动，生活在温带、热带大陆架和岛屿斜坡37~1800米的海洋深处，但常见于200米附近的水深处，以底栖硬骨鱼、头足类及甲壳动物等为食。

最另类的一类鲨鱼

铠鲨是鲨鱼大家族中最另类的一类鲨鱼。它们中的很多观赏鲨品种的体长都不足50厘

宽尾拟角鲨又名小抹香鲛，一般体长不足20厘米，据有关文献记载，其最大体长仅22厘米，是世界上最小的鲨鱼品种之一。别看它个头小，它可不是个善茬，它是凶猛的肉食性动物，主要捕食头足类和小鱼。它们有时为了捕食猎物，会跟随猎物，如灯笼鱼科、钻光鱼科和奇棘鱼类等，做垂直洄游。

阿里拟角鲨一般体长不足20厘米，最大体长不超过22厘米，是世界上最小的鲨鱼品种之一。其所有习性和宽尾拟角鲨几乎一样。

❖ 世界上最小的鲨鱼品种：没有一本书长的鲨鱼

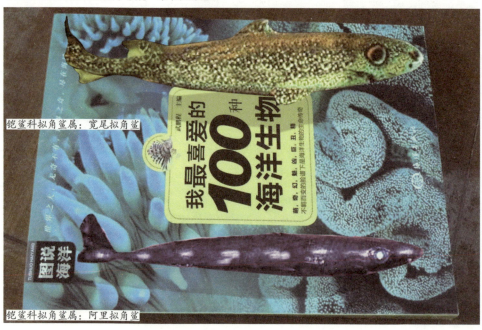

铠鲨科拟角鲨属：宽尾拟角鲨

铠鲨科拟角鲨属：阿里拟角鲨

米，最小的品种，如拟角鲨属的一些品种的体长仅20厘米。此外，有些品种像海洋寄生虫一样，如达摩鲨属的鲨鱼，它们会用嘴吸附在大鱼身上，然后用剃刀一样的利齿割破大鱼的皮肉，寄生在大鱼身上，它也是鲨鱼中唯一一属能体外寄生的品种。有些铠鲨的身上具有发光器，可以帮助它们在深海中诱捕猎物等。

铠鲨产于深海，饲养难度大

铠鲨的体形有修长的，也有粗壮的，它们的头部多半呈锥形或稍扁，最大的特征是臀鳍消失，两个背鳍大多不具硬棘。胸鳍多半呈宽大或钝圆形，部分品种的尾鳍上叶末端有缺刻。

铠鲨各属品种之间的体型相差很大，适合饲养在水族箱中的有小鳍鲨属、拟角鲨属、拟小鳍鲨属、达摩鲨属中的鲨鱼，它们是整个鲨鱼大家族中最小的一些品种，不过，由于铠鲨主要产于深海，因此想要获得它们比较难，饲养的难度也比较大。

饲养铠鲨时不需要特别注意水质，它们自身具有强大的免疫系统，几乎很少患病，但是作为深海鲨，它们一般不喜欢太亮的环境，更喜欢黑夜或光线黑暗的角落。

铠鲨和其他种类的鲨鱼一样很能吃，但饲养时不要让它们吃得太饱，过度肥胖会使它们生许多疾病。

❖ 达摩鲨属：小齿达摩鲨

小齿达摩鲨又名巴西达摩鲨、雪茄达摩鲨、雪茄鲨等。它是一种小型鲨鱼，体长一般不足40厘米。达摩鲨属一共有两个品种，分别是小齿达摩鲨和大齿达摩鲨，它们身体上有发光器，属于体外寄生性捕食的鲨鱼，无论是大型的大白鲨、须鲸，还是个头与自身相仿甚至比自身更小的鱼类，只要被缠上，就会被它们的嘴吸住，然后用牙齿在猎物身上挖肉吃。达摩鲨属的鲨鱼的攻击性很强，除了鱼类会遭到它们攻击之外，连海底光缆、潜艇，甚至潜水员等都曾有遭到攻击的记录。

小齿达摩鲨比大齿达摩鲨更常见，但是在观赏鱼市场并不常见，此类鲨鱼属于深海鲨，饲养难度比较大。

小鳍鲨属中的白边小鳍鲨属于比较常见的铠鲨科成员，它们一般体长为30厘米。

铠鲨的体鲛属、黑鲛属等一些鲨鱼品种肝脏颇大、油脂丰富，是提炼鱼肝油的主要鱼种。

铠鲨和其他种类的鲨鱼一样，在人工饲养环境中几乎不接受人工饲料，必须用冻着的鲜鱼肉喂养它们。

盲鲨

它 们 的 眼 睛 并 不 瞎

盲鲨并不瞎，它们的眼睛视力很好，之所以被称为"盲鲨"，是因为它们每当被捕捉时都会闭着眼，让人误认为眼睛瞎。

❖ **盲鲨的长须**
长须鲨科的鲨鱼的触须比须鲨科的略长。

盲鲨能离水存活较长时间，它能和长尾须鲨属的鲨鱼一样，短时间离开海水上岸追捕猎物。

❖ **盲鲨**

盲鲨是长须鲨科（又称盲须鲛科）唯一属的蓝灰色长须鲨、瓦氏长须鲨两种鲨鱼的统称，它们分布于西南太平洋的亚热带及澳大利亚东海岸昆士兰海域。

盲鲨与猫鲨、天竺鲨等一样，属于底栖类鲨鱼，通常生活在岩石海岸水深 110 米以内的珊瑚礁浅海处，夜晚开始在浪很大的岩石礁区附近捕食无脊椎动物和小鱼等。

盲鲨的体长通常为 60~80 厘米，蓝灰色长须鲨比瓦氏长须鲨略大，属于易危物种，很难在水族市场上看到它们，只能偶尔在大型水族馆中看到它们。瓦氏长须鲨则常见于各种水族馆，而且由于体型略小，它们也常出现在家庭和一些企业的水族箱中。

盲鲨和大部分鲨鱼一样，需要水族箱中有更高的溶氧量及更强的水流，而且最好在水族箱中提供一些岩石、珊瑚礁的造景供它们躲藏，食物以小鱼、贝类、虾、蟹等为主，投喂的食物尽量别太单一，这样才能保证它们营养均衡。

盲鲨属于夜行性鲨鱼，但是它们能很快适应水族箱生活，经过一段时间驯化后，它们能在白天或者灯光下接受食物。